MERCEDES-BENZ LKW

DIE LEGENDÄREN LANGHAUBER 1945–1962

Achim Geier

Motor buch Verlag

Einbandgestaltung: Luis dos Santos, Sven Rauert unter Verwendung von Fotos aus dem Archiv der Daimler AG

Bildnachweis: Sofern Bilder nicht aus dem Archiv der Daimler AG stammen, befinden sich die Bildquellen unter den jeweiligen Abbildungen; die Rechte an den Bildern verbleiben bei den Urhebern.

ISBN 978-3-613-04323-7

Postfach 103743, 70032 Stuttgart.
Ein Unternehmen der Paul Pietsch-Verlage GmbH & Co. KG

1. Auflage 2020

Sie finden uns im Internet unter:

WWW.MOTORBUCH-VERLAG.DE

Lektorat: Joachim Hack, Joachim Kuch
Innengestaltung: Ralf Weinreich, Halle/S.
Druck und Bindung: Conzella, 85609 Aschheim-Dornach
Printed in Germany

Vorwort
Warum die Langhauber ausgestorben sind

Bevor wir auf den Bock klettern und den Diesel anwerfen, sollten wir noch ganz kurz etwas klarstellen: Das hier ist kein Buch über Große-Freiheit- und Kapitän-der-Landstraße-Romantik, sondern ein Versuch – vielleicht sogar der erste in Buchform –, die ziemlich unübersichtliche Geschichte der ersten Generation von Daimler-Benz Nachkriegs-Lkw nachzuvollziehen. Und die ist wesentlich verwickelter als bei jedem Pkw, denn die Anschaffung eines Lkw war in erster Linie eine wirtschaftliche Notwendigkeit, keine Luxusfrage. Daher spielten bei der Lastwagen-Entwicklung wesentlich mehr und zum Teil auch ganz andere Kriterien eine Rolle als bei Ponton, Heckflosse und Co. Denn es ging nicht nur um Technik, sondern ums Geldverdienen. Und um Politik.

Foto: Ralf Weinreich

Mitte der 1950er-Jahre existierten noch keine europaweit weitgehend vereinheitlichten Zulassungsvorschriften. Jedes Land hatte seine eigenen Vorstellungen bezüglich Achslasten, Abmessungen und sonstigen technischen Regulierungen, was dazu führte, dass die Lkw-Hersteller die für den heimischen Markt bestimmten Fahrzeuge nicht automatisch auch im Ausland verkaufen konnten. Das galt im besonderen Maß für die Bundesrepublik, wo seit Jahren ein Streit zwischen Verkehrswirtschaft einerseits und Verkehrsministerium andererseits um die künftigen Längen- und Gewichtsbestimmungen für den Lastkraftverkehr schwelte.

Zentrale Figur der Auseinandersetzung war der CDU-Politiker Hans-Christoph Seebohm, der zwischen 1949 und 1966 das Bundesministerium für Verkehr leitete. Schon früh in den 1950er-Jahren stellte Seebohm die seit 1949 gültigen internationalen Maße und Gewichte für den bundesdeutschen Straßengüterverkehr in Frage. Das hatte – so sah es die Lkw-Branche – keine sachlichen, sondern politische Gründe, denn die Konkurrenzfähigkeit des Staatsbetriebs Bundesbahn sollte verbessert werden, um dem Finanzminister höhere Einnahmen zu bescheren beziehungsweise weniger Zuschüsse abzuverlangen: Die Regierung wünschte, die zunehmend defizitäre Bahn auf Kosten des Straßentransports zu sanieren.

Seebohms erste Maßnahme bestand in der Neufassung der Straßenverkehrszulassungsordnung vom November 1951. Danach wurde ab dem 1. April 1953 der Betrieb mit zwei Anhängern verboten, die Gesamtlänge des kompletten Lastzugs auf 20 Meter begrenzt und das Gesamtzuggewicht auf 35 beziehungsweise 40 Tonnen beschränkt. Das bedeutete das Ende für die in den ersten Nachkriegsjahren noch häufiger anzutreffende

Bescheidene Anfänge: Nach der Währungsreform kehrte allmählich die Normalität zurück, und die wichtigsten Abteilungen im Werk konnten wieder ihre Arbeit aufnehmen. Hier ein Blick in die Abteilung Materialbeschaffung in Untertürkheim (»Rohstoffstelle«).

Kombination aus Straßenzugmaschine mit Anhänger, mit der etwa Hanomag einigen Erfolg gehabt hatte. Es folgten weitere Gewichts-, Achslast- und Längenbeschränkungen, die weit über das hinaus gingen, was die Verkehrswirtschaft gerade noch für tragbar hielt. Hinzu kam, dass im Ausland andere, laxere Regeln galten.

Das Beharren auf diesem deutschen Sonderweg bedeutete für die einheimischen Lkw-Hersteller eine kostspielige Ausweitung des Fahrzeugprogramms, weil für den Export andere Fahrzeuge als für den Inlandsmarkt herzustellen waren. Und das erforderte erhebliche zusätzliche Investitionen und zusätzliche Lkw-Typen, die hierzulande gar nicht fahren durften. Höhere Kfz- und Mineralöl-Steuern, Tempolimits und eine geplante Vorschrift, bestimmte Güter wie Holz, Steine, Sand, Kohle oder Getreide nur noch in einem Radius von 50 Kilometern per Lkw transportieren zu dürfen, setzten die Lkw-Bauer zusätzlich unter Druck. Und dem neuen, ab 1. April 1957 europaweit gültigen Regelwerk mochte sich Seebohm auch nicht anschließen. Es sah vor, dass Sattelschlepper 14 Meter und Lastzüge 18 Meter Gesamtlänge aufweisen konnten. Zweiachsige Fahrzeuge durften eine Achslast von 9 und ein Gesamtgewicht von 14 Tonnen tragen, Dreiachser hingegen über 6,5 Tonnen Achslast und 18,5 Tonnen Gesamtgewicht verfügen. Lastzügen war dem Entwurf nach ein Gesamtgewicht von 32,5 Tonnen erlaubt.

Stattdessen setzte die Bundesrepublik mit Gültigkeit vom 1. Januar 1958 tatsächlich die restriktivsten Bestimmungen aller Zeiten bezüglich maximaler Maße und Gewichte für größere Lastwagen in Kraft: Nun durfte ein zweiachsiger Lkw nur noch 11 Meter lang sein, und das zulässige Gesamtgewicht eines Solowagens wurde auf 12 statt zuvor 16 Tonnen beschränkt. Zusätzlich gab es neue Limitierungen der Achslast und Mindestvorgaben in Sachen Motorleistung, als Mindestanforderung stand künftig die Formel »6 PS pro Tonne« im Raum.

Für Dreiachser galten andere Bestimmungen: Sattelzüge durften nun nur noch 14 Meter lang sein und 24 Tonnen wiegen statt wie bisher 35 Tonnen. Eingeräumt wurde immerhin eine Übergangsfrist bis Mitte 1960, gemäß der das Gesamtzuggewicht bei 32 Tonnen liegen durfte, sofern der Anhänger vor dem 1. Januar 1958 zugelassen worden war. Mit anderen Worten: Ein Schwer-Lkw mit 16 Tonnen Gesamtgewicht durfte – die

Politische Reizfigur Nummer 1 für die gesamte deutsche Transportbranche: CDU-Bundesverkehrsminister Hans-Christoph Seebohm, der in den 1950er-Jahren den Straßengüterverkehr mit einer unverhohlenen, sich gegen internationale Entwicklungen stemmenden Pro-Schiene-Politik jahrelang massiv unter Druck setzte.

seinerzeit gültige 1:1-Formel für das Gewichtsverhältnis von Anhänger zu Motorwagen berücksichtigend – noch rund zwei Jahre lang einen 16-Tonnen-Hänger ziehen. War der Hänger nach dem 1. Januar 1958 zugelassen, durfte dieser nur noch 8 Tonnen wiegen. In der Folge brach die Nachfrage nach Lkw über 7,5 Tonnen Gesamtgewicht zusammen.

Diese erschwerten Rahmenbedingungen forderten intelligente Lösungen, das Verhältnis von Eigengewicht und Nutzlast musste ebenso besser werden wie das von Fahrerhaus zu Ladefläche. Das bedeutete nahezu zwangsläufig das rasche Ende für die Langhauber, denn bei diesen war das Verhältnis von Fahrzeug- zu Prit-

Entspannte Szenerie in einer Kölner Freiluft-Werkstatt mit einer Auswahl verschiedener Mercedes-Langhauber - und einer Vierzylinder-Ponton-Limousine.

schenlänge nicht gut genug: Aus Sicht des Transportunternehmers, der ein solches Fahrzeug betrieb, bedeutete eine lange Haube nur totes Kapital: Das war's für die Gattung der Langhauber, sie starb aus, weil dieser Typ sich nicht länger rechnete, ja gar nicht länger rechnen konnte.

Vor allem für das Geschäft von Daimler-Benz als unumstrittenem Marktführer im Lastwagenbau brachte diese turbulente Epoche eine Menge Herausforderungen mit sich. Zwar konnte man es sich dank einer gesicherten Stellung des Produktprogramms leisten, nicht in hektischen Aktionismus zu verfallen, doch die Anpassung an sich verändernde Marktbedingungen und Kundenerwartungen erforderte von den Konzernverantwortlichen mehr Aufmerksamkeit und Bewegung als bis dato im ersten vollen Nachkriegsjahrzehnt je vonnöten gewesen war. Stets hatte man bei der Herstellung der qualitativ hochwertigen, langlebigen und extrem robusten Lastwagen mit dem Mercedes-Stern auf die Erzielung möglichst guter Margen achten können. Es war schlechterdings nicht nötig gewesen, sich in puncto innovative Technik- und Fahrzeugkonzepte an die Spitze des Fortschritts zu stellen und damit Risiken einzugehen. Im Vordergrund stand stattdessen die seriöse Einlösung traditioneller Markenwerte, und schon schossen die Umsätze wie von selbst in immer neue Höhen.

Bereits Anfang der 1950er verkaufte Daimler-Benz weit mehr Lastwagen als jeder andere Anbieter, 1951 allein über 11.000, schon 14.500 Einheiten im Jahr darauf. Zweitgrößter Akteur war seinerzeit Opel mit 6700 beziehungsweise 10.500 Fahrzeugen, die aber auf das Segment bis maximal 3,3 Tonnen beschränkt waren, Magirus kam auf 4800 bzw. 5600 Einheiten, MAN lag bei nur rund 1300 Fahrzeugen – und alle waren Langhauber. Allerdings sprachen für diese traditionelle Bauart auch einige gute Gründe: Die lange Motorabdeckung bot der Kabinenbesatzung bei einem Unfall anständigen Schutz, man saß hinter dem Antriebsaggregat und war weniger dessen üblicherweise kernigen Lebensäußerungen ausgesetzt, und das Triebwerk selbst war für allfällige Wartungs- und Reparaturarbeiten viel leichter zugänglich.

Insbesondere bei Daimler-Benz erfüllte der gute alte Langhauber in geradezu symbolhafter Weise die Anforderungen der Unternehmensleitung. Die Fahrzeuge waren in einer riesigen Typenvielfalt, die auf Kundenseite keine Wünsche offenließ, verfügbar, sie waren bestens bewährt, zuverlässig, strapazierfähig und darüber hinaus kostengünstig in der Fertigung. Doch gegen Mitte der 1950er-Jahre zweifelte auch das entspannteste Vorstandsmitglied der Daimler-Benz AG allmählich nicht mehr daran, dass der technische Umbruch im Lastwagenbau unausweichlich war und der klassische Langhauber sukzessive in Rente geschickt werden musste, denn die Nachteile der klassischen Lkw-Bauform gegenüber Frontlenkerkonstruktionen in puncto Transportvolumen waren inzwischen zu offenkundig.

Doch mit Blick auf die gegebenen Entwicklungszyklen, einer gegenüber Frontlenkern noch zögerlichen Kundschaft, offenbar unkalkulierbaren politischen Rahmenbedingungen und den realen Möglichkeiten des jeweils existierenden Technikbaukastens konnte ein Wechsel nur behutsam erfolgen. Ein erster Schritt bestand Mitte der 1950er in der Aufnahme erster Frontlenker in das Lieferprogramm, dem weitere folgen mussten. Zwar gab es gegen Ende der Langhauber-Ära manche Merkwürdigkeiten in der Angebotspalette, doch Daimler-Benz meisterte, auch dank der ab 1959 lieferbaren zweiten Lkw-Generation, diese Transformationsphase bis zur Ankunft der völlig neu entwickelten, hochmodernen Frontlenker mit kubischem Fahrerhaus, außerordentlich erfolgreich – mehr als das: Die steil ansteigenden Absatzzahlen der Frontlenker-Jahre ließen die Langhauber-Ära bald vergessen.

Was bis heute von dieser Epoche bleibt, sind technische Daten, Bilder und alte Presseberichte. Und auch wenn die Veteranen von damals in jeder technischen Disziplin, in wirklich jeder für den Fahrbetrieb und den Unterhalt relevanten Kategorie heutigen Lkw haushoch unterlegen sind, in einem sind und werden sie unschlagbar bleiben: Sie transportieren Nostalgie, Sympathie und viele schöne Erinnerungen, ganz besonders beim Oldtimer-Treffen an schönen Sommer-Sonntagen.

Alles klar soweit? Dann kann's ja losgehen.

Vereint auf dem Weg ins Wirtschaftswunder: L 3500 Pritschenwagen und 170 S Cabriolet B in der Münchener Verkaufsniederlassung der Daimler-Benz AG.

Prolog
Mercedes-Benz Lkw – mit Diesel an die Spitze

Erst nach 1920, wenige Jahre vor dem Zusammenschluss von Daimler-Motoren-Gesellschaft (DMG) und Benz & Cie. zur Daimler-Benz AG verließ der Dieselmotor sein aus technischen Gründen bis dahin angestammtes Terrain als Stationärmotor. Es war der in Deutschland aufgewachsene Ingenieur Prosper L'Orange, der es dem sparsamen Selbstzünder dank tiefgreifender Verbesserungen erlaubte, künftig auch in Automobilen und Schiffen zum Einsatz zu kommen. L'Orange arbeitete seit 1908 bei Benz & Cie. Dort in Mannheim widmete er sich der Realisierung von Rudolf Diesels Traum, den schnelllaufenden, kompakten Dieselmotor auch als Antrieb für Automobile zu etablieren. Mit der Entwicklung von Vorkammereinspritzung, Trichter-Vorkammer, Nadel-Einspritzdüse und regelbarer Einspritzpumpe schuf er die technischen Grundlagen für die ersten Fahrzeug-Dieselmotoren.

1923 hatte Benz & Cie. den ersten Diesel-Lastwagen ausgeliefert. Auch zehn Jahre später lief er noch störungsfrei.

Das größte Problem beim Brennverfahren mittels Vorkammer lag an dem sehr kleinen Temperaturfenster, in dem der Brennstoffstrahl optimal verbrannte. War die Zylinderwandung zu heiß, setzten Ölreste die Durchgangsbohrungen zu, war sie zu kalt, bildete sich Kondensat. Die Lösung bestand schließlich in L'Oranges Entwicklung eines trichterförmigen Einsatzes zwischen Vorkammer und Brennraum, der die Temperatur konstant hielt. Die sich so ergebende Form verbesserte Zündfähigkeit und Verbrennungsabläufe unter verschiedenen Belastungen und reduzierte die Gefahr von Verkokungen bei der Verdampfung des Dieselöls. Diese Modifikation meldete er am 18. März 1919 zum Patent an (DRP 397 142). Parallel arbeitete L'Orange an einer neuen Einspritzdüse, die deutlich besser funktionierte als frühere Varianten. Diese Nadel-Einspritzdüse stellte er noch im selben Jahr vor. 1921 folgte als weitere zentrale Entwicklung eine regelbare Einspritzpumpe, deren Kraftstoff-Fördermenge sich stufenlos verändern ließ. Damit hatte L'Orange nun alle Komponenten beisammen, um die Leistungsabgabe des Motors endlich so präzise zu regeln, wie es der Einsatz in Automobilen verlangte. Allerdings schied der Ingenieur 1922, noch vor der Vorstellung des ersten Diesel-Lkw bei Benz & Cie. aus und wandte sich dem Großmotorenbau zu.

Ein Diesel für die Landwirtschaft

Seinen ersten Einsatz in einem Landfahrzeug absolvierte der von L'Orange entwickelte Zweizylinder-Dieselmotor 1922 in einem Ackerschlepper. Ausgestattet war die Maschine mit einem Zweizylinder-Diesel, der 25 PS bei 800/min leistete. Bohrung und Hub betrugen 135 x 200 Millimeter. Als Benz-Sendling-Eintriebrad-Schlepper S6 ging der Traktor im März 1923 in Serie. Benz & Cie. wollte zunächst nur 100 dieser 5,7-Liter-Motoren für Ackerschlepper und Motorpflüge von Sendling bauen, doch das war viel zu konservativ geplant: Ende 1924 war schon über ein Drittel aller Zweizylinder verkauft, und in den nächsten Jahren folgten noch wesentlich mehr: Bis 1931 produzierten die Mannheimer insgesamt 1188 Maschinen. Der erste serienmäßig produzierte Diesel-Lkw der Welt gab schließlich im Februar 1924 sein Debüt auf der Nutzfahrzeug-Ausstellung in Amsterdam, wobei der Vorkammer-Motor jetzt 50 PS bei 1000/min leistete. »Der technisch bedeutendste ausgestellte Wagen der ganzen Ausstellung«, vermerkte das Fachmagazin »Der Motorwagen«, denn man habe hier einen Weg gefunden, die »komplizierte Luftdruckanlage, die beim Dieselmotor im allgemeinen zum Einspritzen des Brennstoffs erforderlich ist, zu vermeiden.«

Herzstück des weltweit ersten Diesel-Lastwagens, bei dem es sich um einen modifizierten Kriegs-5-Tonner-

Im Mai 1928 gelangten die ersten OE-Dieselschlepper zur Auslieferung. Hier kam ein wassergekühlter Einzylinder-Motor zum Einsatz, der aus 4,2 Litern Hubraum 26 PS bei 800/min schöpfte. Mit Vollgummibereifung diente er als Straßenzugmaschine.

Benz erprobte seinen Zweizylinder-Dieselmotor erst im dreirädrigen Benz-Sendling-Schlepper BS 7 und leitete daraus dann ein Vierzylinder-Triebwerk ab. Dem folgte 1925 der 32/35 PS-Benz-Sendling-Ackerschlepper BK.

Typ 5 K 3 handelte, war der Vierzylinder-Diesel OB 2 (Ölmotor, Benz) mit 45 PS bei 1000/min. Die Leistung des neuen Antriebs lag auf dem Niveau eines im Prinzip baugleichen Benziners, der Verbrauch um ein Viertel darunter. Die Kostenvorteile insgesamt waren gewaltig: Die neue Technik des Selbstzünders war um rund 85 % billiger als damalige Vergasermotoren, so dass es nicht verwunderlich war, dass bereits am 14. April 1923 in Mannheim der Beschluss zur Serienfertigung fiel.

Zusätzlich senkten die wesentlich geringeren Diesel-Steuern die Betriebskosten ganz erheblich. Der damals besonders preiswerte Kraftstoff hieß »Braunkohlen-Teeröl«, war ein heimisches Erzeugnis, und anders als beim Import-Benzin hielt der Fiskus hier kaum seine Hand auf. Auch deshalb war der OB 2 im Unterhalt so günstig. Außerdem vertrug der Benz-Diesel so ziemlich jede Art von Treibstoff: Teeröl, aber auch »Gasöl, Petroleum, Texas-Öl sowie gelbes oder braunes Paraffin-Öl«, wie die Benz-Werbung wissen ließ.

Auch die DMG baut Diesel

Während bei Benz & Cie. der Vorkammer-Diesel heranreifte, ging die Daimler-Motoren-Gesellschaft (DMG) in Berlin-Marienfelde anders an das Problem heran und brachte einen Lufteinblasdiesel zur Serienreife. Dabei nutzten die Daimler-Ingenieure ihre Erfahrungen aus dem Bau von U-Boot-Dieseln. Das fertige Aggregat war ein Vierzylindermotor mit 40 PS bei 1000/min. Auf verschiedenen Testfahrten bewies der Motor 1923 seine Praxistauglichkeit, doch nach der 1926 erfolgten Fusion der beiden Unternehmen zur Daimler-Benz AG entschied die neue Führung, das Vorkammer-Prinzip von Benz anstelle des Lufteinblasdiesels von Daimler weiterzuverfolgen, obwohl der Benz-Diesel gegenüber einem konventionellen Kompressor-Diesel einen um rund 10 % höheren Kraftstoffverbrauch aufwies und die Regulierung der Gemischmenge in Abhängigkeit von der Zylindertemperatur erfolgen musste. Aber die Mannheimer Entwicklung war wesentlich einfacher aufgebaut, kostengünstiger zu produzieren, und die thermischen Probleme ließen sich umgehen, in dem die Vorkammer-Wandung gekühlt wurde. Das behob die Zündungsprobleme und machte die Verbrennungsabläufe leichter beherrschbar. Außerdem konnte aufgrund der geringeren Drücke bei der Motorkonstruktion an Material gespart werden, was wiederum das Gesamtgewicht senkte und damit die Nutzlast erhöhte – es gab viele Vor- und kaum Nachteile.

Der L 5 war der erste Mercedes-Benz Lkw mit »Rohöl-Motor«, also Diesel. Intern bezeichnete Daimler-Benz seine Diesel-Entwicklungen mit »OM«, Öl-Motor – eine Praxis, die bis heute beibehalten worden ist.

Bis Ende der 1930er-Jahre bildete der Benzinmotor durchaus eine Alternative zum Diesel. In den USA versuchte Mercedes-Benz seinen Diesel-5-Tonner zwar zu vermarkten, konnte aber nur von der 100 PS starken Benzin-Variante mit M 36-Motor einige Exemplare verkaufen.

Der Lo 2000 erschien 1932 und war der erste leichte Lastwagen des Werks. Dieser Sprinter-Vorläufer wurde in der abgebildeten Form bis 1937 gebaut. Anders als bei den bisherigen Lastwagenmodellen war hier die Scheibe nicht mehr durch einen Mittelsteg senkrecht geteilt.

Die Zukunft des Diesels: der OM 5

Erster Vorkammer-Diesel nach dem Zusammenschluss zur Daimler-Benz AG war der gemeinsam entwickelte Sechszylindermotor OM 5, der im Mai 1927 debütierte. Er stellte aus 8,6 Litern Hubraum 70 beziehungsweise 75 PS bei 1300/min bereit. Der Reihenmotor hatte 105 mm Bohrung und 165 mm Hub, die Kurbelwelle war siebenfach gelagert. Kurbelgehäuse, Zylinderblöcke und -Abdeckungen bestanden aus Aluminium, ebenso die Kolben. Die eigentlichen Zylinderköpfe waren aus Gusseisen gefertigt. Ein- und Auslassventile wurden über Stoßstangen und Kipphebel gesteuert. Der Antrieb der Nockenwelle erfolgte über schrägverzahnte Stirnräder von der Kurbelwelle aus. Von dort wurden mittels zweier Nebenwellen auch die anderen notwendigen Aggregate wie Lichtmaschine, Wasserpumpe und Einspritzpumpen angetrieben. Der Ventilator-Antrieb erfolgte per Keilriemen. Der Motor selbst war auffallend glattflächig gestaltet, oben gekrönt von der steil ansteigenden Kühlleitung hoch zum Bienenwaben-Kühlergrill. Atemluft bezog der OM 5 linksseitig, integriert war hier die Brems-Drosselklappe.

Das neue Dieseltriebwerk wog rund 630 Kilogramm, und mit einem »Einheitsgewicht von 9 kg/PSe« erreichte er beinahe schon das Leistungsgewicht eines Benziners. Premiere hatte er im Mercedes-Benz Lkw Typ L 5. Der 5-Tonner brachte rund 3850 Kilogramm auf die Waage und blieb damit auch mit voller Zuladung noch unter den gesetzlichen Limits. Der Verbrauch wurde damals in Kilogramm angegeben, umgerechnet kam der identisch motorisierte N 56 (dessen Höchstgeschwindigkeit bei 28 km/h lag) auf etwa 14 Liter Gasöl (= Diesel) pro Betriebsstunde. Der unter dem Fahrersitz platzierte Kraftstofftank fasste 145 Liter, nach zehn Betriebsstunden musste nachgetankt werden.

Die Serienproduktion des Diesel-Lkw lief 1927 an; maßgeblich zu dessen Erfolg trug die neue Bosch-Einspritzpumpe bei, die auf Jahrzehnte zum Standard für Diesel-Einspritzsysteme werden sollte. Robert Bosch hatte 1922 mit der Arbeit an den Einspritzsystemen begonnen. Es ging darum, zuverlässig und regelbar auch kleine Kraftstoffmengen einspritzen zu können – nicht nur einmal, sondern viele Male: Der Prozess musste »reproduzierbar« sein, und erst diese Einspritzpumpe aus dem Hause Bosch machte den OM-Motor alltags- und fahrzeugtauglich. Persönlich war Robert Bosch sowieso vom Selbstzünder überzeugt: 1924 gehörte er zu den Ersten, die einen Diesel-Lkw von Benz & Cie. geordert hatten. Die breite Kundschaft allerdings stand dem neuen Motor trotz allem eher skeptisch gegenüber: Der L 5 verkaufte sich von 1927 bis 1929 insgesamt nur rund 2000 Mal.

Den Lo 2000 als Wegbereiter einer neuen Generation von leichten und mittleren Lastwagen bot Daimler-Benz in verschiedenen Gewichtsklassen von 2-, 2,5-, 2,75-, 3,0- und 3,5 Tonnen (Bild) an, wobei die verschiedenen Ausführungen optisch nur wenig voneinander differierten.

Kennzeichen D: Der Lo 2000 war der erste Lastwagen, bei dem der Diesel-Schriftzug mit dem Stern verbunden wurde. Diese Praxis behielt Mercedes-Benz bis zum Kriegsausbruch bei. Prospekttitel von 1936.

Der Dreiachser N 56 mit Niederrahmen war der größte und schwerste Mercedes-Benz Lastwagen der frühen 1930er-Jahre. Anders als die kleineren Typen gab es ihn ausschließlich mit Dieselmotor. Die in der Mitte geteilte Frontscheibe war typisch für die Kabinen der frühen Phase.

Der L 1 wurde zwischen 1926 und 1928 gebaut, er darf als Vorgänger der leichten Langhauber gelten.

Einer der ersten Lkw-Testberichte, der in den 1930ern veröffentlicht wurde, befasste sich mit dem L 6500. Das Leistungsniveau dieses über 80 Jahre alten Lastwagens imponiert noch heute.

Der L 10000 war der schwerste Mercedes-Benz-Lkw der unmittelbaren Vorkriegszeit. Dieser Tankwagen von 1937 hat den OM 54 unter der mächtigen Haube.

Jeder Lkw hatte eine lange Haube

Abgesehen von den wenigen Frontlenkern, baute Daimler-Benz, egal in welchem seiner Werke, ausschließlich Haubenlaster. Historiker Werner Oswald unterteilt die Lkw-Produktion der Vorkriegszeit in drei große Phasen, an denen sich dieses Buch ebenfalls orientiert. Und obwohl dies keine Monografie über den Lkw-Bau bei der damaligen Daimler-Benz AG ist, sind zum Verständnis der Nachkriegs-Geschichte einige Basis-Informationen zur Diesel-Tradition unerlässlich.

Phase 1: Das erste Lkw-Programm von der Fusion 1926 bis ca. 1932

Anfang der 1930er-Jahre umfasste das Gaggenauer Lieferprogramm elf Lkw-Grundtypen und Varianten in unterschiedlichen Radständen. Angeboten wurden weiterhin auch Sonderausführungen wie Kipper, Möbel-, Kühl- und Krankenwagen, Sonderfahrzeuge für die Polizei, Müllabfuhr und Straßenreinigung sowie Feuerwehrfahrzeuge. Schon zu dieser Zeit war der Durchbruch des Diesels als Nutzfahrzeugantrieb vor allem bei Daimler-Benz nicht mehr aufzuhalten. Das Funktionsprinzip begann mit seinen unbestreitbaren Vorzügen auch die konservativen, ewig zögerlichen Gewerbekunden allmählich zu überzeugen. Binnen kurzem sollte Mercedes-Benz bei den Diesel-motorisierten Lastwagen einen Marktanteil von rund 90 % erreichen. Diese ersten Diesel-Modelle waren noch weitgehend identisch mit dem Lkw-Programm von Benz & Cie. und basierten technisch auf den Rohöl-Motoren von 1924. Typisch waren eckige, kantige

Lkw-Fahrgestelle bildeten auch die Basis für die Omnibusse. Allerdings verwendete Daimler-Benz dazu sogenannte Niederrahmen-Chassis, um die Einstiegshöhe abzusenken.

Schon in den frühen 1930er Jahren engagierte sich Mercedes-Benz im Bau von Kommunalfahrzeugen. Hier ein L 3000 Ko mit Kuka-Müllaufbau und ein L 2000 als Gully-Entleerungswagen.

Kabinenformen mit einer zweiteiligen Frontscheibe mit Mittelsteg. Oft hatten die Fahrzeuge noch Vollgummi-Bereifung, und antriebseitig gehörten vorerst noch Vergaser-(Benzin-)Motoren zur Standardausstattung. Das Modellprogramm umfasste ausschließlich Zweiachser und deckte den Nutzlastbereich von 1,5 bis 8,5 Tonnen ab. Einzig lieferbarer Dieselmotor war der OM 5 und dessen Ableitung OM 5 S, verbaut in den Modellen L 5/ L 5000, N 56 (7 Tonnen) sowie L 8500.

Phase 2: Das zweite Lkw-Programm, ca. 1932 bis ca. 1936

1932 öffnete man mit dem weltweit ersten Leicht-Lkw mit Dieselmotor, dem Typ Lo 2000, neue Segmente für den Selbstzünder. Unter der Haube des auf dem Genfer Salon vorgestellten Modells wummerte der neue 3,8-Liter-Vorkammerdiesel OM 59. Mit 100 mm Bohrung und 120 mm Hub wies dieser exakt die gleichen Abmessungen wie der ebenfalls lieferbare Benzinmotor auf, doch

Die Evolution der Fahrerhauskabinen lässt sich an diesen Gaggenauer Zweiachsern schön nachvollziehen. Der L 5000 mit OM 77-Motor verfügt über die zwischen 1932 und ca. 1936/37 typische Kabine...

im Vergleich zur ersten Diesel-Generation markierte er einen gewaltigen Fortschritt. Das Triebwerk war noch nicht einmal halb so groß (und schwer) wie der OM 5, hatte diesem aber praktische Details wie den geteilten Zylinderkopf und reparaturfreundlich leicht wechselbare Komponenten wie Vorkammer oder Düsen voraus. Und mit 55 PS lag er in Sachen Leistung sowieso ganz nahe an den großen Dieseln. Der Lo 2000 mit seinem neuen, leichten Fahrgestell lief leer rund 65 Sachen – da machte die damals für kleine Lkw übliche Bezeichnung »Schnelllastwagen« endlich einmal Sinn.

Stolz und unübersehbar kündete ein unterhalb des Sterns auf dem Kühlergrill platzierter Schriftzug »Diesel« beim 2-Tonner von der neuen Errungenschaft. Mit Vergaser-(Benzin-)Motor bot das Werk das rollende Niederrahmen-Chassis für 4780 Reichsmark an, mit Diesel wurden dafür 6040 Mark fällig: Bei keinem anderen Lastwagen hatte Mercedes-Benz so konsequent mit der Wirtschaftlichkeit geworben. Laut Werk verbrauchte der Benziner 22 Liter auf 100 Kilometer, der Diesel genehmigte sich lediglich 13 Liter über die Distanz. Die 100 Kilometer mit dem Benziner kosteten den Betreiber demzufolge knapp 8 Mark an Kraftstoff, im Diesel dagegen lediglich 1,70 Mark. Und Sparsamkeit war das Gebot der Stunde. Der neue 2-Tonner kam genau zur rechten Zeit, denn das Geschäft mit den schweren Lkw war nach dem »Schwarzen Freitag« zusammengebrochen: Hatte die Nutzfahrzeugproduktion im Jahr 1928 noch 4692 Einheiten betragen, verließen anno 1932 nur noch 1595 Fahrzeuge die Produktionsstätte in Gaggenau. Angesichts der schwierigen wirtschaftlichen Umstände hätte wohl keiner seiner Väter diesem neuen Transporter eine Stückzahl von über 13.000 Exemplaren zugetraut. Dabei ging ein nicht geringer Teil des Erfolgs auf das Konto des Dieselmotors mit seinen geringen Unterhalts- und Kraftstoffkosten.

Der erfolgreiche OM 59 blieb nicht lange allein, Anfang 1933 erschienen neue, daraus abgeleitete Varianten: Der OM 65 (65 PS) war ein weiterer Vierzylinder, der OM 67(95 PS) als Sechszylinder löste den ersten Lkw-Diesel OM 5 ab. Für die schwere Klasse kamen die neuen Sechszylinder-Typen OM 77 und OM 79 hinzu. Mit 9,4 beziehungsweise 10,3 Litern Hubraum kamen diese auf 100 bzw. 120 PS, der 12,5-Liter OM 54 war mit 150 PS der hubraum- und leistungsstärkste Mercedes-Selbstzünder.

...während der LK 6500 mit Dieselmotor OM 57 die Ganzstahlkabinen der Baujahre 1938-1940 aufweist.

Der Wehrmachts-Typ L 4500 bildete die Basis für die Wiederaufnahme des Lkw-Baus bei Daimler-Benz in Gaggenau.

Auch optisch wirkten die Fahrzeuge jener Zeit wesentlich gefälliger, die Kotflügel waren ausladender und meist über die Motorhaube hinausgezogen. Das Fahrerhaus war weiterhin eckig und kantig, doch die steil stehende Frontscheibe war durchgehend, ohne Mittelsteg. Die Fahrzeugbezeichnung entsprach nun der Nutzlast in Kilogramm. Das Modellprogramm war ausschließlich luftbereift und deckte jetzt weitere Nutzlast-Klassen ab.

In den 1930er-Jahren avancierte der »Diesel«-Schriftzug auf dem Kühler neben dem Mercedes-Stern vor allem zum Symbol des schweren Güterverkehrs. Während in Deutschland ab 1934 Lkw ab 5 Tonnen Nutzlast fast ausschließlich mit Dieselmotoren angeboten wurden, setzte sich der Diesel in den leichteren bis mittleren Klassen aber nur langsam durch. Das lag nicht zuletzt am Militär: Die im Aufbau begriffene Wehrmacht setzte voll auf Benzinmotoren, was die Fortsetzung des Siegeszugs der Selbstzünder auch im Zivilbereich bis auf Weiteres unterbrach – nicht nur bei Daimler-Benz.

Erstmals fanden sich in dieser Zeit – Februar 1933 – auch Sattelschlepper im Lieferprogramm. Sie entstanden auf Basis der neuen Grundtypen Lo 2000, Lo 3000 sowie Lo 4000 und deckten die Nutzlastklassen von 4, 6 und 8 Tonnen beziehungsweise die Zuggesamtgewichte von 8, 11 und 14 Tonnen ab. Außerdem wurden Sattelschlepper niedriger besteuert, sie galten als Zweiachser, weil die Achse des Aufliegers nicht mitgezählt wurde. Das sparte Geld und führte zu einer erhöhten Nachfrage, die allerdings 1936 schon wieder abebbte: Nachdem das Steuerschlupfloch geschlossen worden war, stiegen die Abgaben für einen Sattelzug um 200 %. Das bedeutete vorerst das Ende für diese Lkw-Spielart. Theoretisch gab es diese Sattelschlepper auch mit den bekannten Vergasermotoren, in der Praxis jedoch hatte hierzulande mehr oder weniger jeder verkaufte Lkw einen Selbstzünder unter der Haube. Zu den größten Vorteilen dieser zweiten Lkw-Generation Jahre gehörte die nochmals erheblich verbesserte Wirtschaftlichkeit sowie die gesunkenen Eigengewichte. Schwerster Lkw jener Epoche war der Dreiachser L 10000.

Phase 3: Das dritte Lkw-Programm, ab ca. 1936

Das dritte Lkw-Programm brachte Vierzylinder-Diesel für die kleineren Nutzlastklassen und gefälliger gezeichnete Ganzstahl-Fahrerhäuser ohne Dachvorsprünge und abgerundete Ecken für alle. Situationsbedingt konnte das Daimler-Benz Fertigungsprogramm weder groß erweitert noch verfeinert werden, denn die kriegsbedingten Anforderungen bestimmten die Produktion. Neu hinzu kam eigentlich nur der für kriegswichtig erachtete L 1500. Er stellte zunächst nichts anderes dar als eine aufgelastete Version des L 1100 von 1936. Wie diesen gab es ihn mit Vergaser- und auch Dieselmotor, wobei beide Aggregate – der M 143 mit 2,2 Liter Hubraum und 45 PS sowie der gleichstarke 2,6-Liter-OM 138 aus dem Pkw-Programm stammten. Die Kraftübertragung erfolgte per Viergang-Schaltung – auch das eine Pkw-Baugruppe. Die Produktion dieses mit 80 km/h überraschend flotten Schnelllastwagens erfolgte im Werk Mannheim, das damit wieder zum Nutzfahrzeugwerk wurde.

Während des Kriegs verfügten die Behörden, in Mannheim den L 3000 auslaufen zu lassen und stattdessen den Opel-Lastwagen zu produzieren, während sich die Fertigung im Werk Gaggenau auf den L 4500 mit dem verbesserten Dieselmotor OM 67 zu konzentrieren hatte. Die Anordnung kam zwar aus dem Ministerium, dahinter steckte aber wohl Hitler-Freund Jakob Werlin. Der gehörte zwar zum Daimler-Direktorium, legte seinem Arbeitgeber aber dennoch dieses Kuckucksei ins Nest. Angeblich hat sich Daimler-Chef Wilhelm Kissel darüber so geärgert, dass er nur Wochen später an einem Herzinfarkt starb.

Zunächst war geplant, den OM 67 des 4,5-Tonners auf Luftkühlung – OM 67/6 – umzustellen und ihn auf Sicht durch einen komplett neuen luftgekühlten Motor – OM 176 – in dieser Leistungsklasse zu ersetzen. Doch dazu kam es nicht mehr. Als einziger Mercedes-Lkw dieser Generation wurde lediglich der Kriegstyp L 4500, der 1940 auch noch in ziviler Ausführung hätte auf den Markt kommen sollen, nach 1945 weitergebaut. Er bildete die Basis für die Wiederaufnahme der Produktion schwerer Lkw bei Daimler-Benz.

In Mannheim hingegen hatte der Bau des L 3000 zugunsten des Opel Blitz eingestellt werden müssen. Erst 1949 konnte mit dem L 3250 eine Neukonstruktion präsentiert werden.

Kapitel 1
Am Anfang war der Opel

Foto: Ralf Weinreich

Der Geburtsort so vieler Mercedes-Benz Langhauber ist eng verbunden mit der Geschichte des Gesamtkonzerns. Um die bis in die 1960er-Jahre übliche und auch gegenüber der Öffentlichkeit kommunizierte Trennung der Modellreihen entsprechend der Produktionsstandorte – und die sich daraus ergebenden Schwierigkeiten – verstehen zu können, muss man weit in die Vergangenheit zurückreisen. Bis zu jenem Zeitpunkt, als Carl Benz im Jahr 1871 zusammen mit dem »Mechanikus« August Ritter in Mannheim auf dem Grundstück T6,11 das kleine Unternehmen Carl Benz und August Ritter, Mechanische Werkstätte, gründete.

Dies ist der Prototyp des für die Wehrmacht gebauten L 3000 A, der ab April 1941 in Mannheim produziert wurde. Rund 7500 Exemplare der Kriegsaufführung LG entstanden, bevor der Opel Blitz gebaut werden musste.

Die ehemaligen Fahrradmechaniker verkrachten sich bald, Ritter ließ sich auszahlen, und Benz gelang 1885 der Durchbruch. 1899 gründete er die erste Aktiengesellschaft. Um die Jahrhundertwende waren die Werksanlagen in der Waldhofstraße zu klein, es folgte ein zweites Werk in Mannheim-Waldhof, das für die Pkw-Produktion eingerichtet wurde. Um Kapazitäten für den Bau von Lastwagen und Omnibussen zu schaffen, wurde die Süddeutsche Automobilfabrik Gaggenau GmbH (SAG) – ansässig im gleichnamigen Ort im Murgtal nahe Baden-Baden – erworben und die Nutzfahrzeugproduktion auf jenes Werk am Schwarzwaldrand konzentriert: Zum 1. Januar 1911 wurde die Benz-Tochter Süddeutsche Automobilfabrik Gaggenau GmbH komplett in das Unternehmen eingegliedert und firmierte nun unter dem Namen Benzwerke Gaggenau

Der Opel Blitz setzte sich als Standard-3-Tonner der Wehrmacht durch.

Einfach unentbehrlich: Auch bei den Behörden war der Opel Blitz nicht wegzudenken. Wie diese Kraftspritze der Feuerlöschpolizei. (Foto: Ralf Weinreich)

Weil das Opel-Nutzfahrzeugwerk in Brandenburg nicht mehr mit der Blitz-Produktion nachkam, wurden weitere Betriebe mit der Produktion dieses kriegswichtigen 3-Tonners beauftragt.

Als das Opel-Werk in Trümmern lag, war Mannheim die einzige Produktionsstätte, die den Lastwagen bauen konnte. Unter der Typnummer L 701 begann dort im August 1944 die Serienfertigung.

GmbH. So kam Benz als Marke zu einer kompletten Nutzfahrzeug-Modellpalette im Verkaufsprogramm.

Nach 1918 geriet Benz, wie viele andere Unternehmen der jungen Weimarer Republik, in ernsthafte Schwierigkeiten. Insbesondere der Großmotorenbau im ursprünglichen Werk bereitete große Probleme, denn die Anlagen waren verschlissen und hatten teilweise kaum mehr Schrottwert. Und Geld zur Erneuerung war nicht da, weil Kunden fehlten. Daher wurde es 1922 verkauft und firmierte dann als »MWM – Motorenwerke-Mannheim AG, vorm. Benz stationärer Motorenbau«. Die Rechte am Dieselmotor von Prosper L'Orange blieben aber bei Benz: Das erste Landfahrzeug, das mit einem Dieselmotor ausgestattet war, entstand in Mannheim. Die weitere Entwicklung führte dann zum Vierzylinder-Dieselmotor OB 2 von 1923 mit 45 PS, der in die Fahrgestelle des Benz-5-Tonner-Lastwagens eingebaut und als weltweit erster Diesel-Lkw 1924 mit 50 PS in Serie ging. Mit ihnen begann der Siegeszug des Diesel-Lastwagens.

Als am 28./29. Juni 1926 die Fusion zur Daimler-Benz AG vollzogen wurde, brachte Benz & Cie. die Standorte Aktiengesellschaft Benz & Cie., Rheinische Automobil- und Motorenfabrik, Mannheim, sowie die Benzwerke Gaggenau in die Hochzeit ein, während die DMG als Mitgift die Werke Untertürkheim, Marienfelde und Sindelfingen im Gepäck hatte. Zu den ersten Maßnahmen nach dem Zusammenschluss gehörte die Typbereinigung der beiden Modellprogramme und die Aufteilung des verbleibenden alten und künftigen neuen Produktionsprogramms an die verschiedenen Werke: Lkw sollten in Gaggenau gebaut werden, nicht in Mannheim.

Doch im Zuge der Aufrüstung der Wehrmacht wuchs das Produktionsprogramm am Mannheimer Standort: Es kam mit dem L 1500 ein neuer Lieferwagen ins Programm, dazu gesellten sich Motoren für Nutzfahrzeuge, Boote, Lokomotiven und Traktoren und 1937 schließlich auch 3-Tonner-Lkw: Mannheim war ein unverzichtbarer Bestandteil im Konzernverbund, vor allem wegen der hochmodernen Gießerei, die Grauguss-Komponenten für alle Produktionsstätten der Daimler-Benz AG lieferte. Als US-amerikanische Truppen am 23. März 1945 das Werk Mannheim besetzten, waren durch Fliegerangriffe nur etwa 20 % aller Einrichtungen zerstört worden – ein relativ glimpfliches Ende des Unheils.

Im Gefolge der Niederlage war Deutschland in vier Besatzungszonen aufgeteilt worden, und die verschiedenen Produktionsstätten der Daimler-Benz AG befanden sich in unterschiedlichen Zonen. Die Werke Untertürkheim, Sindelfingen, Mannheim und Gaggenau lagen in der französischen beziehungsweise amerikanischen Besatzungszone, wurden aber bald komplett unter amerikanische Verwaltung gestellt. Das Werk in Genshagen und die 18 Niederlassungen in der sowjetisch besetzten Zone mussten aber komplett abgeschrieben werden, ebenso diverse Auslandstöchter. Das Werk Marienfelde war zwar zerstört, lag aber immerhin im amerikanischen Sektor von Berlin. Dennoch hatte, wie der Geschäftsbericht 1948 vermeldete, »die Gesellschaft … praktisch aufgehört zu existieren«.

Für die Blitz-Fertigung hatte Daimler-Benz neue Werkzeugmaschinen erhalten, die bei Kriegsende längst noch nicht verschlissen waren.

Um die vorhandenen Maschinen nutzen zu können, übernahmen die Daimler-Benz Konstrukteure wichtige Parameter, etwa die Blockmaße, für den geplanten eigenen Dieselmotor.

Der Alliierte Kontrollrat verfügte im April 1946, dass die Daimler-Benz AG weiter produzieren und Reparaturen durchführen durfte. Angesichts der Nachwirkungen des Krieges hatte das Unternehmen in diesen frühen Tagen mit zahlreichen Schwierigkeiten zu kämpfen, angefangen von Materialknappheit über Arbeitskräftemangel bis hin zu politischen Problemen. Davon waren allerdings auch andere deutsche Autofabriken wie Ford oder Opel betroffen, die ihre Produktion mit aufgewärmten Vorkriegstypen wieder anlaufen ließen: Der im Oktober 1946 gebaute 1000. Nachkriegs-Pkw war ein Mercedes-Benz 170 V (W 136) und stammte mehr oder minder aus Vorkriegszeiten. So gesehen war der Käfer, so unkonventionell sein Design auch sein mochte, ein frischer, moderner Entwurf – das Volkswagenwerk hatte seinen 1000. Wagen im März gebaut. Zu kaufen gab's Personenwagen damals übrigens nur über Berechtigungsscheine oder Beziehungen, und wenn es nach den ersten alliierten Industrieplänen gegangen wäre, hätten alle Hersteller zusammen nicht mehr als 40.000 Autos im Jahr bauen dürfen. Zum Glück wurde diese Stückzahlbegrenzung im Oktober 1946 aufgehoben.

Kein Neustart mit eigenem Fahrzeug möglich

In puncto Wiederaufnahme der Nutzfahrzeugproduktion war die Lage bei Daimler-Benz noch einmal extra kompliziert. Denn anders als im Pkw-Bau gab es im Lkw-Bereich keinen eigenen Kriegs- oder auch Vorkriegstyp, den man einfach wieder hätte auf Band legen können. Der Krieg hatte die Lastwagenentwicklung bei Daimler-Benz zwar nicht völlig unterbunden, aber immerhin erheblich verzögert. Im Zuge der Vorbereitung auf den neuen Waffengang hatte das Militär seine Bemühungen verstärkt, die Lastwagen-Vielfalt zu reduzieren, denn je unterschiedlicher der Fahrzeugpark, desto schwieriger die Ersatzteilbevorratung. Daher wurde im Frühjahr 1939 der sogenannte »Schell-Plan« entwickelt, benannt nach einem Oberst Schell. Im »Schell-Plan« wurde definiert, welcher Hersteller künftig welche Fahrzeuge zu bauen hatte. Auch wenn dieser Plan nie vollständig zum Tragen kam: Viele Typen blieben auf der Strecke, manche Konstruktionen verschwanden komplett in der Schublade. Daimler-Benz hatte Glück: Auf letztere Weise überlebten sowohl die Konstruktionszeichnungen wie auch der Lkw-Prototyp L 312 mit einem neuen Sechszylinder-Diesel namens OM 302 unter der Haube den Krieg. Entgegen behördlicher Anweisung aus Kriegstagen war der Prototyp nicht verschrottet worden, sondern hatte sich – auf Holzgasbetrieb umgestellt – im werksinternen Verkehr nützlich gemacht. Dieser Dieselmotor OM 302 hätte kleine und mittlere Nutzfahrzeuge antreiben sollen und damit auch den Standard-3-Tonner der Wehrmacht – eben den Opel Blitz, denn der Mercedes-eigene 3-Tonner war ein Opfer des Schell-Plans geworden.

Der Opel-Sechszylinder war eine Grauguss-Konstruktion, aber ungewöhnlich kompakt und relativ leicht. Obwohl ein Vergasertriebwerk, empfahl er sich damit als ideale Ausgangsbasis für die Weiterentwicklung zum Diesel.

Daimler-Benz Generaldirektor Wilhelm Kissel hatte seinerzeit, im Herbst 1938, einen eigenen, konkurrenzfähigen 3-Tonner gefordert, der weder schwerer noch teurer als ein Opel Blitz werden sollte. Dessen Entwicklung erfolgte im Werk Gaggenau, wo unter dem Entwicklungscode OM 301 auch die Konstruktionsarbeiten an einem neuen, schnelllaufenden – Nenndrehzahl 3000/min statt, wie bisher, 2200/min – Diesel-Vierzylindermotor begannen. Die Maße von Bohrung und Hub lagen bei 90 bzw. 120 Millimetern, und diese Kubatur wies auch der Sechszylinder OM 302 auf, den Motorenkonstrukteur Adolf Wente im Juni 1940 in Angriff genommen hatte. Dabei handelte es sich im Prinzip um einen OM 301 mit zwei zusätzlichen Zylindern.

Das Merkmal bisheriger Dieselmotoren war deren hohes Gewicht gewesen, der neue Diesel sollte daher

Der 3,6-Liter-Sechszylinder-Motor aus dem Opel Blitz war ein modifizierter und im Hubraum leicht erhöhter Entwurf des US-Herstellers Buick.

möglichst leicht ausfallen, aber dennoch eine hohe Leistung aufweisen. Die Vorgabe lautete 80 PS bei 3000/min. Mitte 1941 liefen in Gaggenau die ersten Versuchsmotoren, 1942 wurde über eine Serienfertigung nachgedacht und im Werk Mannheim ein entsprechender Produktionsplan aufgestellt. Erprobt wurde der neue Sechszylinder sowohl im Opel Blitz als auch im eigenen 1,5-Tonner, der seit 1936 an die Wehrmacht geliefert wurde.

Die Kriegslage 1942 änderte aber die Prioritäten: Jetzt durfte nur noch gebaut werden, was bereits bewährt und im Truppengebrauch war. Bewährt hatte sich der Mercedes-Benz L 1500 nicht, er fiel aus der Produktion, um Platz zu machen für kriegswichtigere Fahrzeuge. Sowohl Borgward als auch Daimler-Benz erhielten nun die Anweisung, einen Serienbau des Opel Blitz samt seinem 3,6-Liter-Benzinmotor einzuleiten. Die Umstellung auf einen neuen Dieselmotor verbot sich daher von selbst. Das bedeutete unter anderem das Aus für den luftgekühlten Lkw-Diesel-Prototyp OM 175, den die Daimler-Ingenieure in der Entwicklung hatten.

Kein geeigneter Lkw-Motor

Das Rüstungsministerium unter Albert Speer, das die Weiterentwicklung des OM 302 verboten und die Anschaffung der dafür benötigten 140 neuen Werkzeugmaschinen verhindert hatte, verfügte stattdessen 1942 die Belieferung des Mannheimer Werks – das durch den Wegfall der Pkw-Fertigung freie Kapazitäten hatte – mit neuen Maschinen zum Bau des Opel. Daimler-Benz wurde in der Folge angewiesen, den L 312-Prototyp mit OM 302-Motor zu verschrotten. Ein starkes Argument für den Opel-Benziner war die damalige Treibstoffknappheit, denn vom Dieselkraftstoff gab es noch weniger Lagerbestände als von Benzin: Deutschland hatte 1942 einen verfügbaren Vorrat von 169.000 Tonnen Dieselkraftstoff, 11.000 Tonnen weniger als es bei Benzin der Fall war. Gewiss, die Jahresproduktion lag bei 1,86 Millionen Tonnen Dieselöl – knapp 200.000 Tonnen mehr als bei Benzin –, doch wenn man die synthetische Erzeugung aus Braunkohle betrachtete, lag die Produktion etwa gleichauf – und auf jeden Fall weit unter Bedarf. Der nagelneue Sechszylinder-Diesel landete also auf dem Abstellgleis, und mit ihm alle Pläne, eine echte Alternative zum Opel Blitz auf die Räder zu stellen.

Auf Anweisung des Heereswaffenamtes begann Daimler-Benz während des Kriegs mit der Entwicklung eines eigenen luftgekühlten Vorkammer-Diesels. Versuchsfahrten fanden mit einem Opel 3-Tonner statt. Hier der Prototyp im Jahr 1942.

Aus dem Opel-Blitz wird der Mercedes-Stern

Der 1942 geschlossene Vertrag mit Opel über die Lizenzfertigung des 3-Tonnen-Lastwagens führte im Sommer 1944 zur Aufnahme der Blitz-Produktion in Mannheim. Der Vertrag war bis Kriegsende befristet, und das kam bekanntlich viel schneller als erwartet. Daher war klar, dass Mercedes für den Blitz schnell einen Nachfolger haben musste, wiewohl eine Übergangsfrist von zwei Jahren galt. Das bedeutete: Ein eigener Mercedes-3-Tonner musste bis Mitte 1947 in Serie gehen. Der Termin war angesichts der Umstände kaum zu schaffen, obwohl Daimler-Benz bereits seit Sommer 1945 mit Hochdruck daran arbeitete: »Wenn unser Typ in zwei Jahren geliefert werden soll, müsste er streng genommen heute fabrikationsreif sein«, so Vorstandschef Wilhelm Haspel bei einer Sitzung seines Gremiums im Juli 1945. Anders gesagt: Vom dringend erforderlichen 3-Tonner war noch nichts zu sehen – mal ganz abgesehen davon, dass auch bei Daimler-Benz lange nicht klar war, welche Zeichnungen und Versuchsträger den Krieg und die unmittelbare Nachkriegszeit tatsächlich unversehrt überstanden hatten. Glücklicherweise aber lag eine Vertragsverlängerung auch im Interesse von Opel, denn infolge der Kriegseinwirkungen war das Opel-Blitz-Werk in Brandenburg komplett zerstört worden: Opel war nicht mehr in der Lage, Lkw zu bauen, und auch Borgward in Bremen, mit denen ebenfalls Lizenzverträge existierten, konnte wegen der Zerstörungen nicht einspringen. Damit verblieben im besetzten Deutschland nur noch zwei einigermaßen produktionsfähige Lkw-Werke: Ford in Köln-Niehl und eben das Mannheimer Daimler-Benz Werk.

Nachdem das Opel-Werk Brandenburg ausgefallen war, entstanden Blitze nur noch in Mannheim, auch nach dem Krieg. Dieser 5000. Nachkriegs-Blitz, bekanntlich bei Mercedes als L 701 bezeichnet, hatte noch das Einheits-Fahrerheraus der Wehrmacht, das allerdings Opel zulieferte. →

1946 nahm Opel die Produktion des kleineren 1,5-Tonnen-Blitz wieder auf, ab 1950 – nach dem Produktionsende in Mannheim – lief auch der 3-Tonner in Rüsselsheim vom Band, zunächst aus L 701-Teilen. Prospekt von 1948, gezeichnet von Bernd Reuters, der auch für Mercedes arbeitete. ↘

Hätte Opel 1945 die Blitz-Produktion wieder aufgenommen, wäre Mercedes in Schwierigkeiten geraten: »Wenn unser Typ in zwei Jahren geliefert werden soll, müsste er streng genommen heute fabrikationsreif sein«, so Daimler-Benz Chef Dr. Wilhelm Haspel bei einer Vorstandsitzung im Juli 1945.

TECHNISCHE EINZELHEITEN

Motor: Sechszylinder. Bohrung 80 mm, Hub 82 mm, Hubraum 2473 ccm. Leistung im Wagen: 55 PS. Sechspunkt-Gummiaufhängung. Pleuelstangen längsdurchbohrt. Hängende Ventile. Zylinderkopf mit Spezialverbrennungsraum. Fallstromvergaser. Automatische Gemischvorwärmung. Luftreiniger. Batteriezündung mit automatischer Zündzeitpunktverstellung. Schmierung: Druckschmierung für Haupt-, Pleuel-, Kolbenbolzen- und Nockenwellen-Lager. Kurbelgehäuse-Entlüftung. Ölinhalt der Kurbelwanne vier Liter. Kühlung: Röhrenkühler, zwangsläufiger Umlauf durch Wasserpumpe. Temperaturregelung durch Thermostat, Ventilator.

Kupplung: Trockene Einscheibenkupplung mit 9 Kupplungsdruckfedern und 6 Dämpfungsfedern.

Getriebe: Mit Motor verblockt. Kugelschaltung. Vier geräuscharme Vorwärtsgänge, ein Rückwärtsgang. Übersetzungsverhältnis: 1. Gang 1:4,48 - 2. Gang 1:2,61 - 3. Gang 1:1,68 - 4. Gang 1:1 - Rückwärtsgang 1:4,75.

Achsen: Vorderachse: Faustachse I-Profil, gesenkgeschmiedet. Hinterachse: Vollfliegend. Preßstahl-Hinterachsgehäuse. Spiralverzahnte Antriebsräder. Hinterradlager: Kegelrollenlager. Hinterachsübersetzung 5,5:1.

Lenkung: Schnecken- und Rollensegmentlenkung mit selbsttätigem Lauf in Geradeausstellung. Hartgummilenkrad mit Stahleinlagen, 425 mm ⌀. Konische Rollenlager für Schnecke. Signalhornknopf in Lenkradmitte.

Räder: Gelochte Stahlscheibenräder. Spezialguß-Bremstrommeln. Bereifung: 6.00—18 extra, hinten Doppelreifen. Bereiftes Ersatzrad.

Bremsen: Fußbremse: Öldruck-Vierradbremse. Handbremse: Mechanisch auf Hinterräder wirkend. Gesamtbremsfläche: 1540 qcm.

Kraftstoffanlage: Tank unter dem Führersitz mit 4-Punkt-Aufhängung, Inhalt 57 Liter, Kraftstofförderung durch Membranpumpe.

Elektrische Anlage: Fabrikat Bosch. Sechs-Volt-Batterie 75 Amp./Std. Kombiniertes Schluß- und Bremslicht. Instrumentenbrett-Beleuchtung. Fahrtrichtungsanzeiger an beiden Seiten des Fahrerhauses. Scheinwerfer mit Biluxlampen. Fußabblendschalter.

Rahmen: Ungekröpfte, kräftige Längsträger mit K-Traverse und 4 weiteren Querträgern. Vorderer Stoßfänger über ganze Fahrzeugbreite.

Führerhaus: Sehr geräumig. Stahl-Holzbauweise. Zugfreie Entlüftung. Rückblickspiegel.

Instrumentenbrett-Ausrüstung: Geschwindigkeitsmesser, Kilometerzähler, Benzinuhr, Öldruckmesser, komb. Licht- und Zündschalter mit Sicherheitsschlüssel, Winkerschalter, Schalter für Scheibenwischer, Ladekontrollampe, Winkerkontrollampe und Fernlicht-Kontrollampe

Zubehör: Komplettes Werkzeug einschl. Wagenheber.

Änderungen vorbehalten.

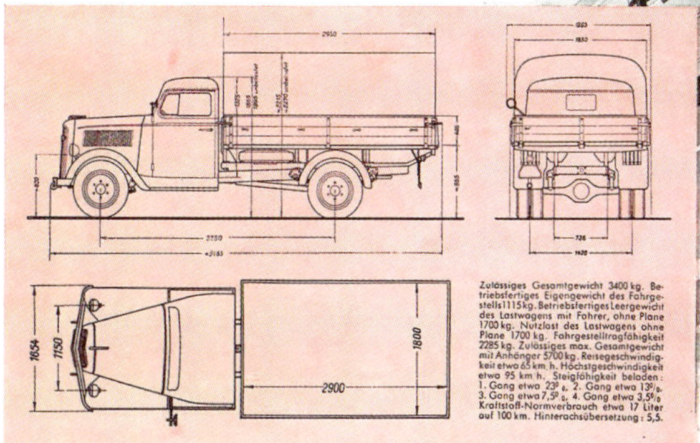

Zulässiges Gesamtgewicht 3400 kg. Betriebsfertiges Eigengewicht des Fahrgestells 1115 kg. Betriebsfertiges Leergewicht des Lastwagens mit Fahrer, ohne Plane 1700 kg. Nutzlast des Lastwagens ohne Plane 1700 kg. Fahrgestelltragfähigkeit 2285 kg. Zulässiges max. Gesamtgewicht mit Anhänger 5700 kg. Reisegeschwindigkeit etwa 65 km/h. Höchstgeschwindigkeit etwa 95 km/h. Steigfähigkeit beladen: 1. Gang etwa 23%, 2. Gang etwa 13%, 3. Gang etwa 7,5%, 4. Gang etwa 3,5% Kraftstoff-Normverbrauch etwa 17 Liter auf 100 km. Hinterachsübersetzung: 5,5.

OPEL DER ZUVERLÄSSIGE

1½ To SCHNELL-LASTWAGEN

Insgesamt produzierte das Werk Mannheim zwischen 1944 und 1949 10.300 L 701, und Opel fertigte bis 1954 weitere 467 Stück. Einer davon, ausnahmsweise nicht als Omnibus karossiert, ist hier 1955 im Mannheimer Rheinhafen in Diensten der niederländischen Reederei Damco zu sehen. Verladeszene mit L 311/L 312-Modellen – man beachte die etwas spezielle Position des oberen Modells. (Nationaal Archief, CC0)

Der in Lizenz gefertigte »Daimler-Blitz« hatte bei Produktionsbeginn in Mannheim 1944 die Typnummer L 701 erhalten. Darüber hinaus war der »Mercedes-Opel« mit einer verstärkten Hinterachsfederung, einem Ölbad-Luftfilter für den Motor und einer auf 68 PS reduzierten Leistung des 3,6-Liter-Sechszylinder-Benziners versehen worden – Letzteres, um ein etwas fülligeres Drehmoment zu bekommen. Anders als das Original war er von Anfang an mit dem Wehrmachts-Einheitsfahrerhaus aus Holz und Presspappe ausgerüstet worden.

So sah der technische Status quo aus, als am 11. April 1945 Einheiten der 7. US-Armee einrückten. Nun ging es ans Aufräumen, und da wurde jeder Lkw gebraucht. Haspel und Daimler-Benz sahen sich jetzt vor ein Dilemma gestellt: Sie hatten die kompletten Fertigungseinrichtungen für die Produktion eines Lastwagens zur Verfügung – und die waren noch ziemlich neu, schon vom Staat bezahlt worden und hatten den Bombenhagel einigermaßen gut überstanden –, konnten diese aber aufgrund des gekündigten Lizenzabkommens eigentlich nicht mehr nutzen. Andererseits waren Pläne für einen vielversprechenden Dieselmotor in der Schublade, der aber nicht in Serie gehen konnte, weil es dafür keine neuen Maschinen gab und solche in absehbarer Zeit auch kaum zu besorgen waren.

Die Umstände sorgten für eine vorläufige Lösung, denn auch Opel hatte, wie geschildert, ein Interesse daran, weiterhin einen Lkw anbieten zu können, denn an eine geregelte Pkw-Produktion war auch bei der GM-Tochter noch nicht zu denken. Daher lief kaum acht Wochen nach dem Einzug der US-Truppen, im Juni 1945, in Mannheim bereits die Fertigung des L 701 – wenn auch unter in jeder Beziehung schwierigen Umständen – wieder an. Die Adam Opel AG hatte diesem Schritt

So kennt man den Opel-3-Tonner nicht: Mit langem Radstand und sogenannter Truppkabine aus Mannheimer Produktion. Der Aufbau stammt mutmaßlich von Kässbohrer.

zuvor zugestimmt, bekam Lizenzgebühren und erhielt ein Kontingent an Lkw aus Mannheimer Fertigung. Der 3-Tonner wurde bis 1948 mit dem alten Einheitsfahrerhaus aus Kriegstagen gebaut, bekam dann aber, als sich die Versorgungslage etwas gebessert hatte, seine ursprüngliche Stahlkabine zurück. Sie verlieh dem Lkw ein weitaus zivileres Gesicht. Nach 10.300 produzierten Fahrzeugen rollte am 10. Juni 1949 der letzte L 701 vom Mannheimer Band. Er machte den Weg frei für seinen Nachfolger L 3250.

An der Entwicklung der Einheitskabine war Daimler-Benz maßgeblich mitbeteiligt.

Erst 1949 konnte Mercedes-Benz wieder auf die Fertigung von Stahl-Kabinen umstellen.

Den eigenen 3-Tonner L 3000 S baute Daimler-Benz, anders als andere Hersteller, die einfach die Vorkriegsentwürfe wieder aufwärmten, aber nicht weiter: Man entwickelte einen neuen Lastwagen.

Am 10. Juni 1949 lief in Mannheim der letzte Lizenz-Blitz vom Band. Die frei gewordenen Kapazitäten nutzten die Mannheimer für den neuen L 3250/ L 3500 mit OM 312-Motor, der dann bis 1961 in weit über 100.000 Einheiten gebaut werden sollte.

Kapitel 2
Der erste Mannheimer Langhauber: L 3500/L 311

Mannheim, das als erstes Werk der Daimler-Benz AG von den Alliierten besetzt worden war, nahm auch als erstes wieder die Fahrzeugproduktion auf. Wie zuvor erwähnt, startete bereits im Juni 1945 die Produktion des 3-Tonner-Typs L 701 – wenn auch auf kleiner Flamme. Parallel zur Herstellung der täglich 20 Lizenz-Opel wurden die Werksanlagen wiederaufgebaut. Ein Teil des Areals wurde zur Versorgung der Belegschaft als Gemüseanbaufläche genutzt. Die »Rhein-Neckar-Zeitung« berichtete 1946 voller Optimismus: »Das Herz des Betriebs ist noch arbeitsfähig, es ist zwar schwer beschädigt, aber die mechanische Abteilung und die Montagehallen stehen.« Weil man in Mannheim so schnell wieder die Produktion aufnehmen konnte, avancierte das Werk auch zum wichtigsten Produktionsstandort des Unternehmens, zumal die Pkw-Fertigung noch nicht möglich war. Es steuerte bis 1948 rund ein Viertel des Gesamtumsatzes der Daimler-Benz AG bei: Für 1949 wiesen die Mannheimer Bilanzen einen Umsatz von 48 Millionen Mark aus, fast das Doppelte des Umsatzes von 1936 (27 Millionen Reichsmark), während der Gesamtumsatz der Daimler-Benz AG mit 199 Millionen Mark noch weit hinter dem Vorkriegsniveau zurückblieb.

Foto: Ralf Weinreich

L 3250: Der erste neue Mercedes-Lkw der Nachkriegszeit

Die Fertigung des ungeliebten Opel-Lizenzbaus hatte zwar zum Überleben von Daimler-Benz beigetragen, doch vier Jahre nach Kriegsende war es an der Zeit, den komplett neu entwickelten Lastwagen der Öffentlichkeit vorzustellen.

Die Arbeiten an diesem Blitz-Nachfolger hatten bereits im Spätjahr 1945 begonnen, aber unter den gegebenen Umständen war man von einer Produktionstauglichkeit noch weit entfernt. Insofern sorgte die Lizenzverlängerung durch Opel für genau jenen Aufschub, der benötigt wurde, um die Konstruktion zur Serienreife zu bringen. Nach einem zeitgenössischen Bericht erledigten das die Mannen um Lkw-Konstruktionschef Eugen Stump und Gestalter Hermann Ahrens. Sie seien »Lkw-Fanatiker, die selbst ihre Erholung und Ferienfahrten« damit absolvierten.

Im Mai 1949 war es endlich soweit. In Hannover öffnete die erste große Industriemesse auf deutschem Boden ihre Pforten. Die Leistungsschau wurde als Export-Messe tituliert, und Export lautete das Gebot der Stunde: Deutschland war dringend auf Deviseneinnahmen durch Auslandsgeschäfte angewiesen. Auf dem Messeareal präsentierten sich 1194 Aussteller, und auf dem Freigelände stellten 105 Firmen Fahrzeuge, Anhänger, Land- sowie Baumaschinen vor. Anwesende Pressevertreter notierten dort und in den acht Messehallen die »hervorragende Qualität« der deutschen Nachkriegsproduktion, »die sich schließlich erst seit knapp einem Jahr normal entwickeln« konnte. Nur noch wenig an diesem neuen Mannheimer Lkw, der, entsprechend der Nutzlast, die Modellbezeichnung L 3250 erhalten hatte, erinnerte mehr an den Vorläufertyp L 3000 S der späten 1930er-Jahre. Natürlich ließ die erste Werksinformation keine Zweifel an der Bedeutung, die der neue Lastwagen für das Nutzfahrzeugprogramm von Mercedes-Benz hatte. Dort stand zu lesen: »Die wassergekühlte elastische 6-Zylinder-Dieselmaschine mit einer Leistung von 90 PS, mit geregelter Zylinderwand- und Öl-Temperatur, ist bei einem Kraftstoff-Normalverbrauch von 14,4 Liter/100 km eine ganz besonders interessante technische Neuschöpfung.

Der L 3250 war die erste Neuentwicklung aus dem Mannheimer Werk. 1949 wurden noch 2195 Stück gebaut. Die Vorarbeiten dafür waren bereits 1945 angelaufen.

Die Mercedes-Konstrukteure hatten sich das Blitz-Chassis ganz genau angeschaut, ohne es zu kopieren.

Hervorragende Leistungseigenschaften, größte Betriebssicherheit, enorme Wirtschaftlichkeit, einfache Bedienung und sparsamster Verbrauch, sowie ausgezeichnete Fahreigenschaften und eine sichere Straßenlage sind die wesentlichsten Merkmale des neuen Typ L 3250.«

Die technische Seite: der neue Dieselmotor OM 312

Kurz nach Beendigung der Exportmesse, am 10. Juni 1949, lief in der Quadratestadt der letzte L 701 alias Opel Blitz vom Band, dann wurden die Produktionslinien umgestellt auf den L 3250 und den ebenfalls in Vorbereitung befindlichen Hauben-Omnibus O 3250. Fünf Tage nach Ablauf des Mercedes-Blitz begann zunächst die Fertigung der neuen Dieselmotoren OM 312 mit 90 PS. Mit ihren zahlreichen Entwicklungsstufen bildete die Motorenbaureihe OM 300 mehr als 50 Jahre lang das Rückgrat der mittelschweren Nutzfahrzeug-Motorisierung von Mercedes-Benz – ob Frontlenker, Lang- oder Kurzhauber, alle Lkw-Ausführungen wurden letztlich mit Vertretern dieser Triebwerksfamilie bestückt, deren erster Vorreiter OM 312 Anfang 1947 in den Fahrversuch gegangen war.

Die Basis des Motors bildete im Prinzip jener im Krieg zwangsweise nicht realisierte OM 302, der so abgeändert werden musste, dass er nach Auslaufen

Wie beim Opel Blitz, befand sich auch beim L 3250 der Tank unter der Sitzbank.

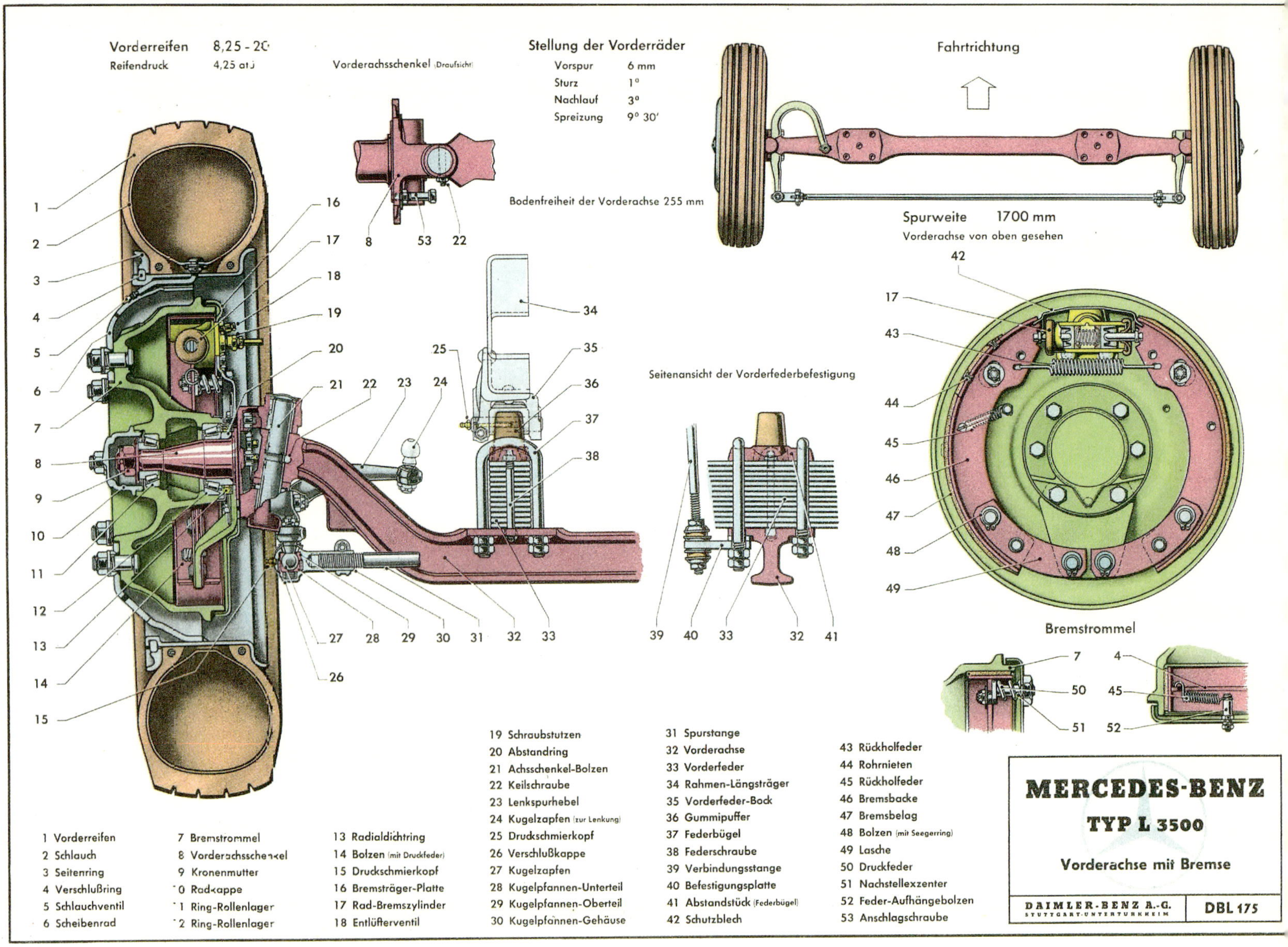

Diese Schautafel von 1950 zeigt die Vorderachs-Baugruppe. Ursprünglich entwickelt für den L 311, erhielten sie, natürlich überarbeitet und verfeinert, auch die Nachfolge-Baureihen L 312, 321 und 322.

der Opel-Fertigung auf den bestehenden Maschinen produziert werden konnte. Das galt insbesondere für den Motorblock, denn der Opel-Sechszylinder-Benziner wies ungleiche Zylinderabstände auf, und daher musste der Mercedes-Motor entsprechend den zur Verfügung stehenden Maschinen umkonstruiert werden. Außerdem wurde die Kurbelwelle, der höheren Arbeitsdrücke im Diesel wegen, von vier auf sieben Hauptlager umgestellt. Eine weitere wesentliche Änderung bestand in der Umstellung von Haupt- und Pleuellagern auf haltbarere Bleibronze-Lager mit Stahlstützschalen. Bei der Gelegenheit wuchs der Hub von 95 auf 120 Millimeter, das Bohrungsmaß von 90 Millimetern wiederum entsprach dem des Opel-Sechszylinders.

Da Länge und Breite des Motorblocks vorgegeben waren, der Diesel aber mit höheren Lagerdrücken und somit höheren Öltemperaturen zu kämpfen hatte, erforderte diese zusätzliche thermische Belastung einen Öl-Wasser-Wärmetauscher. Und die Umstellung ging weiter: Man musste die Zylinderköpfe (einteilig, aus Nickellegierung) von Zünd- auf Glühkerzen umstellen – auch das liest sich einfacher als es tatsächlich war –, die Form der Vorkammer anpassen – das Werk sprach in diesem Zusammenhang vom »Vorkammer-Gleichstrombrennverfahren mit gesteuertem Verbrennungsablauf im Hauptbrennraum« – und die Einlasskanäle ändern, sodass diese nun steil von oben durch den Ventildeckel führten. Die Kolben wurden von Mahle zugeliefert.

Verdichtet im Verhältnis 19,5:1, kam der Sechszylinder-Blockmotor auf ein Volumen von 4580 cm³. Die Höchstleistung von 90 PS wurde bei 2800/min abgegeben, das

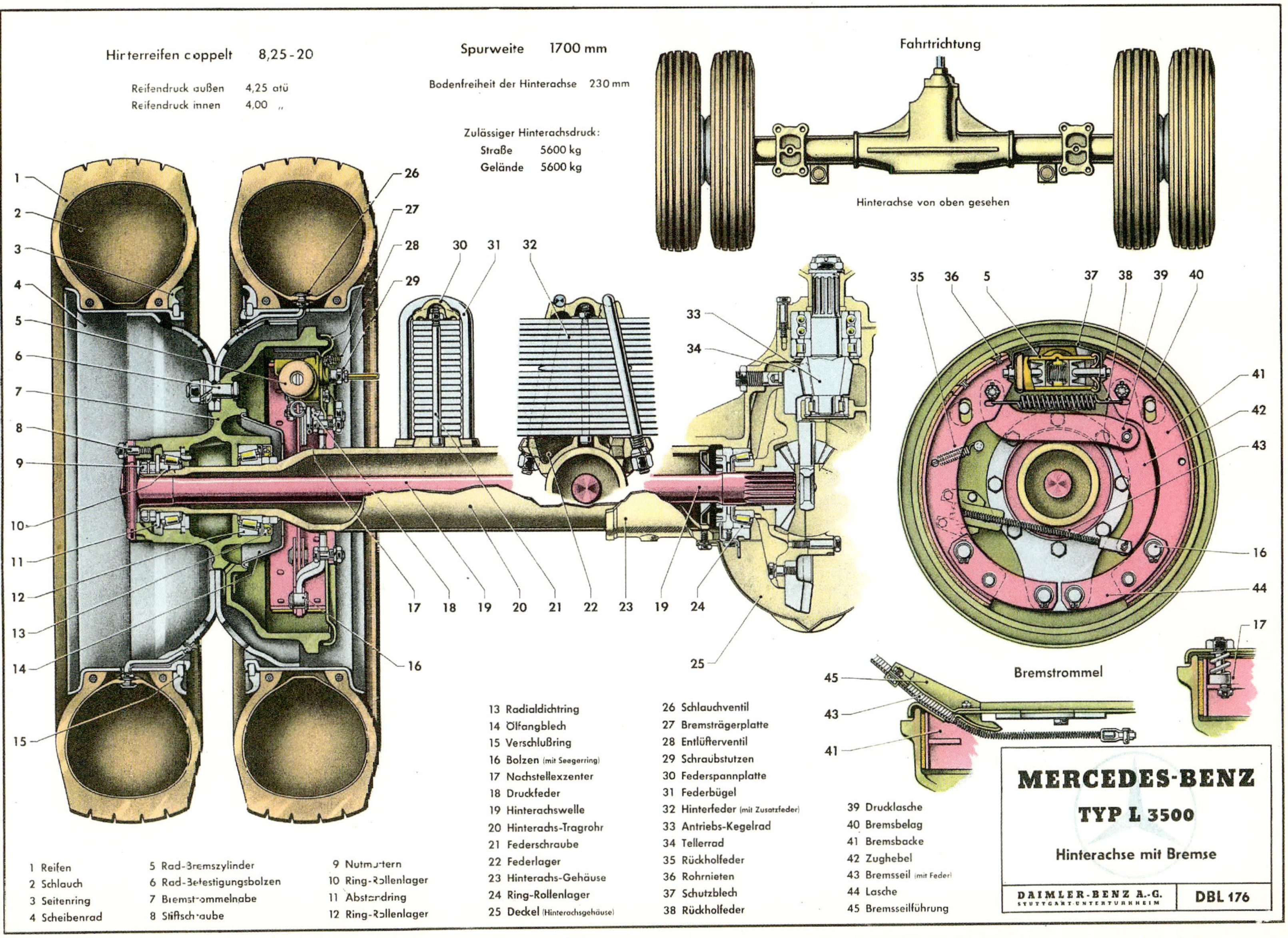

Explosionszeichnung der Banjo-Hinterachse – das Ausgleichsgetriebe war spiralverzahnt (»Hypoid-Hinterachse«).

Drehmomentmaximum von 277 Newtonmetern lag bei 1600/min an. Mit einem Gewicht von 355 Kilogramm galt der neue Mercedes-Diesel als ausgesprochenes Leichtgewicht. Hier hatte ein PS mit 3,95 Kilogramm Motorgewicht zu tun, was seinerzeit als außerordentlich günstiger Wert angesehen wurde. Zum Vergleich: Beim Vorkriegs-Diesel OM 59 hatte 1 PS fast 8,5 Kilogramm niederzuringen, beim OM 65 waren es 7 Kilogramm und beim sechszylindrigen OM 67 mit seinen 670 Kilogramm Motorgewicht 6,7 Kilogramm. Kein Wunder, dass ein Lastwagen mit 312er-Motor als höchst lebendig in der Kraftentfaltung empfunden wurde, zumal das Triebwerk nun ein viel höheres Drehzahlniveau erreichen konnte: Keine zehn Jahre zuvor waren 2250/min das Höchste der Gefühle gewesen, nun schaffte der OM 312 erstaunliche 2800 Umdrehungen: Dieser erste Vertreter der Dieselmotoren-Baureihe 300 bot in Literleistung und Drehfreudigkeit jedem Lkw-Benziner Paroli.

Kurbelgehäuse und Zylinderkopf des Sechszylinders bestanden aus Gusseisen, die Kolben aus Leichtmetall. Die Ventile waren hängend (Einlass) beziehungsweise

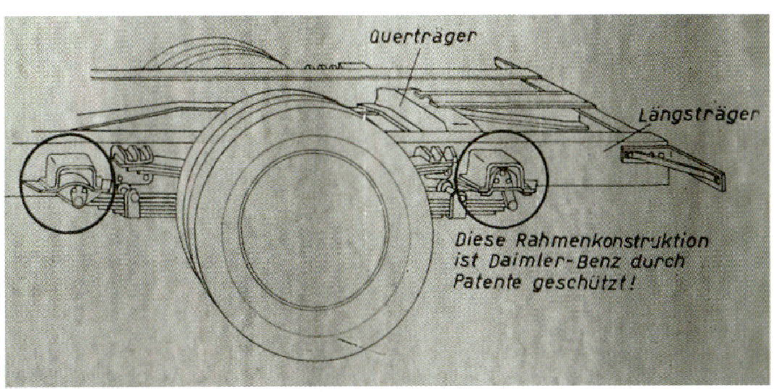

Details zur hinteren Federaufhängung.

Dieses Bild dürfte den ersten Prototyp zeigen und entstand spätestens im Winter 1948/49, eventuell sogar schon ein Jahr früher.

stehend (Auslass) angeordnet, der Nockenwellenantrieb erfolgte über schrägverzahnte Stirnräder. Ein Reibungsschwingungsdämpfer mühte sich einigermaßen erfolgreich um eine Erhöhung der Laufruhe. Den Ölkreislauf besorgte eine Zahnradpumpe, der Ölfilter befand sich im Hauptstrom. Ein Thermostat überwachte die Temperatur der 18 Liter Flüssigkeit, die im Kühlsystem, das sich eines Röhrenkühlers bediente, zirkulierten. Der sechsflügelige Ventilator wurde über einen Keilriemen von der Kurbelwelle aus betrieben. Die Kraftstoffversorgung erfolgte über eine Bosch-Einspritzpumpe mit integrierter Kraftstoffpumpe und Regler für Leerlauf und Drehzahlbegrenzer. Bosch steuerte ebenfalls den Anlasser, die 12-Volt-Elektrik (die beiden 75-Ah-Batterien saßen im Motorraum an der Stirnwand; später wurde auf 84 Ah-Akkus umgestellt) und die Glühkerzen mit 0,9 Volt bei. Zwar war das brandneue Triebwerk nicht ganz frei von Kinderkrankheiten, doch es legte eine erstaunliche Sparsamkeit an den Tag und schluckte kaum die Hälfte dessen, was der Opel-Sechszylinder-Benziner im L 701 wegschlürfte: Denn der genehmigte sich selbst bei glatter Fahrbahn und zurückhaltender Fahrweise zwischen 24 und 31 Liter Kraftstoff auf 100 Kilometer.

Die Kraftübertragung erfolgte über ein mechanisches Stufengetriebe aus eigener Fertigung, die Einschei-

Zur Premiere des L 3250 war das Bildmaterial natürlich schon wesentlich professioneller aufbereitet.

ben-Trockenkupplung kam von Fichtel & Sachs. Das Fünfgang-Getriebe war, wie seinerzeit üblich, unsynchronisiert; um die Fahrstufe zu wechseln, musste zwei Mal die Kupplung betätigt werden. Es war mit dem Motor verblockt und mit 1:7,37, 1:4,23, 1:2,491, 1:1,56 und 1:1 übersetzt, der fünfte Gang also als Direktgang ausgelegt. Der erste Gang sollte eigentlich nur für starke Steigungen oder im Anhängerbetrieb genutzt werden, daher lag er, wie auch der Rückwärtsgang, außerhalb des gängigen H-Schemas, in dem die Fahrstufen zwei bis vier angeordnet waren. Die Getriebeabstufung erhielt voll und ganz den Beifall der Tester, wobei zu beachten ist, dass seinerzeit eigentlich jeder neue Wagen enthusiastisch gelobt wurde. Der Schalthebel befand sich rechts neben dem Fahrersitz, und die Schaltarbeit geriet so, mit etwas Übung, »zum Vergnügen«. Alles in allem: Motor und Getriebe galten als ganz großer Wurf, die Tests überschlugen sich geradezu: »Lebendig, kraftvoll, geschmeidig«, hieß es im September 1950, »Eigenschaften, die man sonst nur einem Pkw mit Vergasermotor zuzuschreiben gewohnt ist...«

Bis zum Serienanlauf änderten sich nur noch Kleinigkeiten. Dabei lässt sich, anders als bei den Pkw, nur in den seltensten Fällen das exakte Einsatzdatum ermitteln, weil erst das alte Material verbraucht wurde, bevor man das neue verwendete.

Einer der ersten L 3250 K. Nach der Auflastung entfielen, mutmaßlich wiederum nach einer Übergangsfrist, in der die Materialbestände abgebaut wurden, die seitlichen Haubenverschlüsse aus Metall.

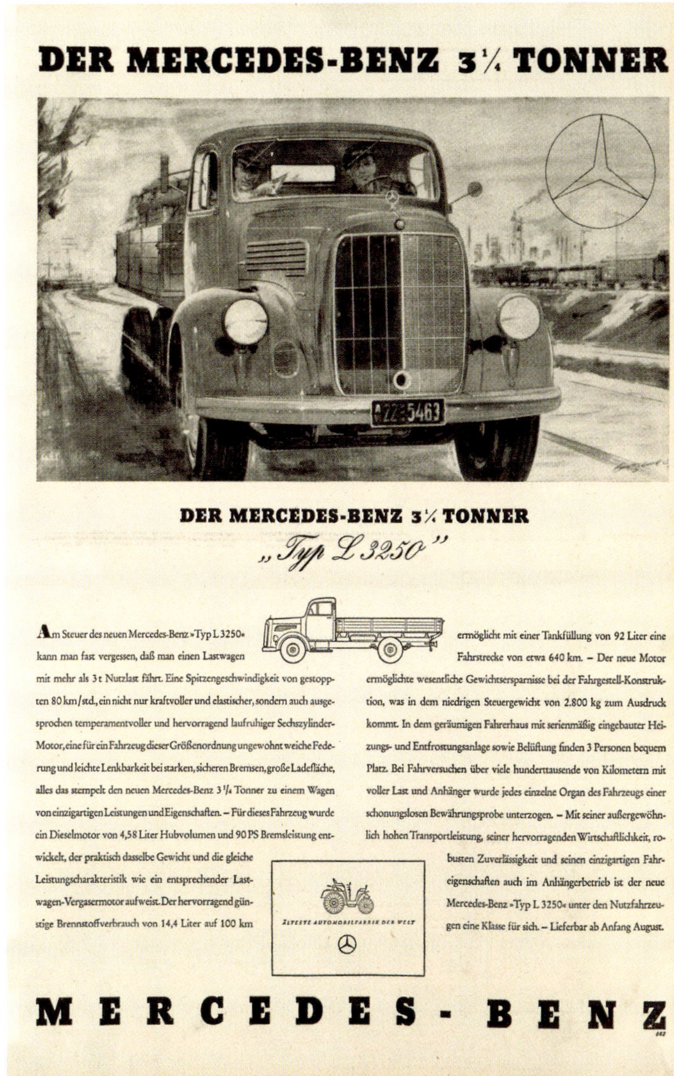

In der Messe-Ausgabe der Deutschen Wirtschafts-Zeitung bewarb Daimler-Benz den neuen Hoffnungsträger. Die Zeichnung stammte von Walter Gotschke. Die Annonce erschien am 25. Mai 1949, gut ein halbes Jahr vor Serienanlauf.

1956: Jetzt mit 100 PS

Schon fünf Jahre später fuhr dieser erste moderne Dieselmotor des Unternehmens in Sachen Leistung mit seinen 90 PS der Konkurrenz hinterher. Daher erfolgte Anfang August 1956 eine Erhöhung der Motorleistung auf 100 PS bei 3000/min, gut gehende Austauschmotoren galten sowieso schon als 2 bis 3 PS stärker als die Originaltriebwerke.

Um aber eine um 10 PS gestiegene Leistung realisieren zu können, musste einiger Aufwand getrieben werden. So kam es zu Änderungen an der Einspritzpumpe

(Bosch verlangte für die Umrüstung der noch vorhandenen Bestände rund 50.000 Mark, woraufhin man, stets kostenbewusst, beschloss, diese für die Indien-Exporte aufzubrauchen), am Ventiltrieb und an Pleuel- und Kurbelwellenlagern. Alles zusammen führte zu einem Anstieg der Drehzahl von 2800 auf 3000/min und einem deutlichen Zuwachs an Temperament oberhalb von 2000 Umdrehungen. Allerdings änderte sich eines nicht: Der OM 312 war ein Radaubruder, doch das war nicht mehr zeitgemäß: »Vor wenigen Jahren noch musste man sich damit abfinden, dass Dieselmotoren nageln und laut sind«, konstatierte ein Lkw-Test im November 1956, doch: »Nachdem man sie aber ... laufruhiger machen kann ... sollte bei Mercedes in dieser Richtung ebenfalls etwas geschehen.« Und weiter: »Wir müssen dahin kommen, dass man sich in einem Lkw-Fahrerhaus mit normaler Stimme unterhalten kann.« Damit hatte der Tester ausgesprochen, was viele Fahrer und Besitzer dachten: In Sachen Laufruhe und Fahrerkomfort blieb bei den Mercedes-Benz Haubern noch viel Luft nach oben.

Die technische Seite: das Fahrerhaus

Im Grunde genommen entsprachen die Fahrerhäuser der Nachkriegs-Typen den Stahlblech-Hütten aus Vorkriegstagen. Anfangs galt die Kabine, zumindest nach Tester-Meinung, als nahezu vorbildlich und bequem, mit genug Platz für drei. Sie bestand aus solidem Stahlblech und war nicht, wie etwa bei Büssing, in Gemischtbauweise aus Holz und Stahlblechbeplankung ausgeführt. Die Windschutzscheibe war einteilig, in der Rückwand befanden sich zwei kleine, schmale Fenster. In den Türen gab es Kurbelfenster, das Dreiecksfenster war zunächst nur ausstellbar und nicht, wie später bei den Nachfolgern, um die Mittelachse schwenkbar.

Das mattschwarz lackierte Armaturenbrett wurde dominiert vom rechts neben dem Vierspeichen-Lenkrad liegenden Rund-Tachometer (bis 100 km/h reichend!). Links neben der Lenksäule befanden sich zwei kleinere Messuhren für Öldruck und Motortemperatur. Die Kontrollleuchten für die Winker, für Ladestrom und Fernlicht saßen mittig, desgleichen das Zündschloss,

Typisch für die ersten Exemplare war – ebenso wie bei den L 6600 – der Lufteinlass im rechten Kotflügel. Die ab der zweiten Jahreshälfte 1952 gebauten Fahrzeuge saugten anders an, sie hatten geschlossene Kotflügel.

MERCEDES-BENZ
3 1/4 TONNER
HRZEUG MIT DEN FAHREIGENSCHAFTEN EINES PERSONENWAGENS

»Besondere Aufmerksamkeit wurde der Ausbildung des Fahrerhauses und der Bequemlichkeit für den Fahrer gewidmet«: Pressetext 1949 zum L 3250.

Gut zu erkennen ist der Griff für die Stockhandbremse. Immerhin gab es eine Heizung mit Scheibendefroster und Dreiecksfenster in jeder Tür. Alles wirkt noch arg provisorisch, daher kann es sich nur um einen Prototyp handeln.

»Mercedes-Benz Typ L 3500 jetzt auch mit langem Radstand«: Neben den Maßen 3600 und 4200 mm gab es den Lastwagen nun auch mit 4830 mm Radstand. Die Anzeige erschien am 14. Oktober 1950, gezeichnet wiederum von Walter Gotschke.

der Benzinhahn und die Zugknöpfe für die Beleuchtung, die Winker und die Scheibenwischer. Diese waren übrigens oben angeschlagen, ihr Motor befand sich im Dach. Das von einem Deckel verschlossene Handschuhfach komplettierte das Inventar. Die Stockhandbremse mit Revolvergriff befand sich links vorne, unter dem Armaturenbrett; in Höhe der Pedale versteckt, gab es einen einfachen Metallhaken zur Betätigung der Heizungs- und Belüftungsklappen. »Staudruckbelüftung« nannte sich das, und die Presse teilte den Enthusiasmus des Werks: Diese Maßnahmen sorgten für »eine wirklich zugfreie Belüftung, was sich »einwandfrei« auf einer Testfahrt erwiesen habe. Insgesamt bescheinigte das Werk, zumindest anfangs, seinem neuen Lkw »Personenwagen-Eigenschaften«, und gab zu Protokoll, ein Fahrerhaus geschaffen zu haben, mit dem sich »ohne Ermüdung des Fahrers längste Strecken mit hoher Durchschnittsgeschwindigkeit« zurücklegen ließen. Der Kraftstofftank mit 92 Litern Volumen saß, wie beim Opel, unter der Sitzbank.

Die Profis am Lenkrad sahen ihren Arbeitsplatz nicht ganz so positiv. Ein Fernfahrer, der mit einem Mannheimer Hauber unterwegs war, sprach für viele, als er Mitte der 1950er seinem Unmut in einem Leserbrief Luft machte. Sein Fazit: Mercedes-Fahrerhäuser seien viel zu eng und für drei Personen nur zu nutzen, wenn »Pygmäen« mitführen, überhaupt: »Alle Fahrer sind sich wohl darüber einig, dass das Fahrerhaus dieses Mercedes von allen Lkws das unzweckmäßigste ist ... Leute über 1,70 m können sich nicht bequem ausstrecken.« Fakt war zumindest, dass es in jedem Fall deutlich rückenfreundlichere Lkw gab, die Mercedes galten als ziemlich unkomfortabel, beengt und wenig wohnlich. Diese Tatsache mochte die Fachpresse beim Test der mittleren Baureihen zwar noch als »streng sachlich gestaltetes« Fahrerhaus ziemlich beschönigend umschreiben und die gut gepolsterte Dreimann-Sitzbank loben, doch viel mehr Positives ließ sich dazu 1956 kaum mehr sagen. In Anbetracht dessen fiel das Testfazit zum L 312 vergleichsweise milde aus und beschränkte sich diesbezüglich auf die karge Feststellung: »Kein übertriebener Luxus«. Aber Halt – nicht zu vergessen: Die 53 Zentimeter hohe Rückenlehne war inzwischen in drei Stufen um sechs Zentimeter nach vorne beziehungsweise hinten verschiebbar, was der Sitzbank eine Breite von 42 bis 48 Zentimeter gab. Doch half das höchstens Kurzbeinigen, besser an die Pedale zu kommen: Wirklicher Sitzkomfort sah anders aus. Daher stand ganz oben auf der Wunschliste der Kritiker: »Gesonderter, verstellbarer Fahrersitz!« – mit Ausrufezeichen.

Mit Serienanlauf erhöhte Daimler-Benz die Nutzlast auf 3,5 Tonnen, was zur neuen Bezeichnung L 3500 führte.

Die Konkurrenz von MAN war da schon wesentlich weiter, da hatte der Fahrer einen eigenen, in Länge und Breite verstellbaren Sitz und einige Kleinigkeiten, welche sich die Tester auch beim Mercedes wünschten, wie etwa das Ablagenetz am Dachhimmel oberhalb der Frontscheibe. Nicht von ungefähr hatte der MAN-8-Tonner auf dem Pariser Salon 1954 für sein Fernverkehrs-Fahrerhaus mit Schlafkabine eine »Silberne Medaille« für »Zweckmäßigkeit, Sicherheit und Fahrkomfort« erhalten. Von einer solchen Auszeichnung war man bei Mercedes-Benz noch ziemlich weit entfernt.

Mitte der 1950er-Jahre wurde die Fahrerhausfrage immer drängender. In den regelmäßig abgehaltenen Technischen Vorstandsitzungen (TVS) wurde häufig darüber diskutiert. Zu diesem Gremium unter Vorsitz von Fritz Nallinger gehörten Techniker, Kaufleute, Stylisten und Verkäufer, die regelmäßig alle Aspekte von Produktion, Markteinführung, Produktänderung und -verbesserung diskutierten, kalkulierten, terminierten und schließlich protokollierten: Spätestens im Juli 1956 galten die Langhauber-Häuser auch innerhalb des Hauses als veraltet und reif, abgelöst zu werden.

Die technische Seite: das Fahrwerk

In Sachen Fahrgestell blieb der Langhauber deutlich länger auf der Höhe der Zeit als in puncto Gestaltung, denn von Anfang hatten sich die Konstrukteure um Leichtbau bemüht. Das zeigt der Vergleich der Fahrgestell-Eckda-

Ein L 3250/L 3500 mit Auflieger für den Pferdesport. Diese Kombination dürfte einer der schon angesprochenen Zwischentypen sein, denn ein Sattelschlepper-Fahrgestell kam erst mit dem 3,5-Tonner. Doch das abgebildete Fahrzeug hat die ältere Haube des L 3250.

Ein L 3250 mit Kofferaufbau, unterwegs in Diensten der »Westdeutsche Seifen«. Der OM 312 leistet 90 PS.

ten mit denen des entsprechenden Vorkriegsmodells (siehe Kasten rechts; Werksangaben vom Mai 1949).

Wenn man dann noch den Nutzlastindex, also das Verhältnis von Nutzlast zu Eigengewicht, heranzog – 0,93 beim 3000er, 1,15 beim 3250er –, wurde vollends klar: Zusammen mit dem leistungsfähigeren und leichteren Motor OM 312 eröffneten die Langhauber den Spediteuren ganz neue Möglichkeiten. Die Gewichtseinsparung von rund einer halben Tonne allein am Fahrgestell war, so Daimler-Benz, das Ergebnis von Materialeinsparungen in allen Bereichen, abgesehen von jenen, welche »der Beanspruchung oder der Abnützung unterworfen sind«, denn diese habe man kräftiger dimensioniert. An welchen neuralgischen Stellen der Rahmen konkret verstärkt worden war, darüber schwieg sich die Pressemappe aber aus. Aus den Papieren jedenfalls ließen sich die Fortschritte nur anhand der technischen Daten nachvollziehen, denn der L 3250 selbst war im Prinzip aufgebaut wie jeder andere Lkw vor und nach ihm. Das bedeutete: Leiterrahmen, Starrachsen, Blattfedern.

Beim Rahmen handelte es sich, wie bei allen Lkw aller weltweiten Hersteller, um einen klassischen Leiterrahmen. Die Form gab ihm den Namen: Er bestand aus zwei parallel verlaufenden Kastenträgern mit Quertraversen als »Sprossen«. Die Hauptträger hatten einen nach innen gekehrten U-förmigen Querschnitt, verbunden

Typ	L 3000 S	L 3250
Fahrgestellgewicht	2690 kg	2190 kg
Leergewicht	3460 kg	2950 kg
Zulässiges Gesamtgewicht	6690 kg	6500 kg
PS pro Tonne Gesamtgewicht	12	14,4

Der OM 312 bildete die Basis für die über 50 Jahre produzierte Motorenbaureihe 300.

L 3250 als Schlammsaugwagen der Stuttgarter Straßenbahn.

durch kräftige Quertraversen aus Hutprofil. Gefertigt aus kalt gepresstem Stahl, handelte es sich um einen Schweißrahmen, auch die Traversen waren eingeschweißt. Die Kastenträger liefen parallel zueinander in einem Abstand 90 Zentimetern, die Länge hing ab von Ausführung und Radstand: Gut sechs Meter lang war der komplette Träger beim Lkw mit 4200 Millimetern Radstand. Der hintere Querträger war, sofern vom Kunden auch so bestellt, verstärkt, um die optionale Anhängerkupplung – meist von Rockinger, München – aufnehmen zu können. Die Verschweißung der Nutzfahrzeugrahmen erlaubte indes nur eine geringe Torsion, daher kam es mitunter auch zu Rahmenbrüchen. Um diese zu verhindern, wurde der Abstimmung der Blattfedern besonderes Augenmerk gewidmet, denn die Federpakete waren nicht nur entscheidend für den hoch gelobten Fahrkomfort (»wie ein schwerer Pkw«), sondern trugen auch die Achsen.

Bei der Vorderachse handelte es sich im Grundsatz um eine sogenannte Faustachse an Telekopstoßdämpfern und Längsblattfedern. Das Federpaket bestand aus dreizehn einzelnen Federn ungleicher Länge, und dieses Arrangement genügte zur Achsführung. Separate Längs- oder Querlenker, wie im Pkw-Bau üblich, erübrigten sich. Teleskopstoßdämpfer hielten die auftretenden Schwingungen im Zaum. Die Hinterachse war ebenfalls an Blattfedern – hier bildeten zehn Stahlstreifen ein Federpaket – aufgehängt und über Federbolzen und Laschen an den Rahmenböcken geführt. Dazu kamen seitliche Stützfedern – auch diese, wie bei den Hauptfedern, gebildet aus acht verschieden langen Eisenstreifen. Diese Zusatzfedern lehnten sich bei etwa halber Last

Die »selbstaufnehmende Kehrmaschine, System Schörling« wurde im September 1952 vorgestellt. Die Basis bildete ein L/LKO 3500/42. In den Behälter passten 2,5 cbm Unrat.

an die an den Rahmen angenieteten Böcke und beeinflussten so – natürlich positiv – Federungskomfort und Fahreigenschaften. Die Hinterachse selbst war eine sogenannte Banjo-Achse, wobei sich der Name von der Form des Achsgetriebekörpers ableitete. Die Steckachsen wurden über spiralverzahnte Kegelräder angetrieben, später kam anstelle dieser sogenannten »Hypoid-Hinterachse« eine »Palloid-Hinterachse« zum Einsatz, weil deren Geradverzahnung gegenüber der Spiralverzahnung doch deutliche Vorteile aufwies.

Die technische Seite: die Bremsen

Neben der per Seilzug betätigten Stockhandbremse mühte sich eine Einkreis-Bremsanlage mit Innenbacken-Trommelbremsen um Verzögerung. Ein besseres Bremsvermögen bot die beim Solowagen nur optional zu bekommende (und beim Hängerbetrieb obligatori-

Straßenreinigung für die chilenische Stadt Valparaíso auf Fahrgestell LKO 311/42. Zu Hochzeiten gingen 70 % aller Mannheimer Lkw in den Export.

So sah man ihn am häufigsten: Ein L 3500/42 mit Plane und Spriegel, dem sogenannten »Hamburger Verdeck«. Im Hintergrund sind die damals gerade wieder aufgebauten Werkshallen in Untertürkheim zu erkennen.

L 3500 Kühlkoffer von Blumhardt mit Thermo-King-Kühlaggregat. In diseer Form zwischen 1950 und 1954 gebaut.

sche) Druckluft-Servobremse. Sie stammte von Bosch. Das System verstärkte pneumatisch den Druck über den Hauptbremszylinder auf die Bremshydraulik. Der Druckluftspeicher befand sich am Rahmenträger, gespeist wurde er vom am Motor befindlichen Luftpresser. Dieser wurde direkt von der Nockenwelle aus angetrieben und auch dort geschmiert. Wenn der Langhauber-Pilot aus 75 km/h Höchstgeschwindigkeit eine Vollbremsung einleitete, stand die Fuhre rein rechnerisch nach rund 50 Metern, zumindest wenn der Fahrer normal (d. h. innerhalb von 22 Metern) reagierte und sofort beherzt in die Eisen stieg. Das wurde als ausreichend erachtet, eine dritte Bremsanlage wurde erst später vorgeschrieben, zwei Bremskreise noch später.

Wie gesagt: Die Fachwelt empfing den 3-Tonnen-Langhauber mit dem neuen Dieselmotor geradezu euphorisch. Tester Hans-Arnold König von »Das Last-Auto« zum Beispiel schrieb in Heft 9/1950: »Die Lebendigkeit und Stärke der Motorkraft! Der Tester muss gestehen, dass er verblüfft war über die unglaubliche Durchzugskraft dieses 4,6-Liter-Motors.« Mit seinem Urteil lag er verblüffend nahe am Prospekttext: »Der neu entwickelte Sechszylinder-Dieselmotor besitzt ein Temperament, wie es bisher nur bei schnellaufenden Benzinmotoren für Personenwagen erreichbar schien.« Auch die Fahreigenschaften – der Tester prüfte die Version L 3500 mit langem Radstand und einigen Verbesserungen – überzeugten. Er attestierte ihm das Fahrverhalten eines (schweren) Pkw, sprach von einer »verblüffenden Lenkfähigkeit«, lobte die Federung für einen Lkw als »besonders weich und angenehm« und fand auch sonst keine »störenden Unstimmigkeiten« – kurzum: Der neue Mercedes war »eine Klasse für sich«, wobei der Tester hier wortwörtlich die Formulierung aus der Pressemappe übernommen hatte. Das Chassis taugte, trotz seines vergleichsweise geringen Gewichts, als Basis für Kipper-, Kommunal- und weitere Sonderfahrzeuge.

Den neuen Mercedes-Benz L 3500 gab es zunächst in drei Radständen mit 3600, 4200 und 4830 mm. Die Normalausführung mit Pritsche – 3800 x 2100 x 50, 4500 x 2100 x 500 und 5500 x 2100 x 500 mm – wurde in allen Varianten angeboten, den Kipper gab's nur mit kurzem Radstand.

In Hannover zeigte Daimler-Benz nur Vorserienexemplare des neuen 6,75-Tonner-Lkws. Der Serienanlauf

Dieser L 311 von 1958 wurde von Eylert mit einem Thermoskoffer für die König-Brauerei, Duisburg, versehen.

Dass sich die Mannheimer so schnell durchsetzen konnten, lag auch an ihrer Standfestigkeit, die damals nicht selbstverständlich war. Heute sind Laufleistungen von 300.000 Kilometern nicht der Rede wert.

erfolgte mit der bereits auf 3500 Kilogramm erhöhten Traglast, was ein zulässiges Gesamtgewicht von 6,5 Tonnen ergab. Der neue Lkw wurde nunmehr ab Januar 1950 unter der Bezeichnung L 3500 verkauft. Auch der erste serienmäßige Nachkriegs-Haubenbus hatte schon die erhöhte Nutzlast. Die Auslieferung der Fahrzeuge begann im Januar 1950.

Die wirtschaftliche Seite

Selbstredend interessierte bei einem Lkw in erster Linie dessen Wirtschaftlichkeit. Ein Lastwagen galt als wirtschaftlich, wenn er günstig in der Anschaffung war, viel Nutzlast schultern konnte und geringe Betriebskosten verursachte. Einen günstigen Anschaffungspreis erreichten die Mannheimer beim L 3500 durch eine ausgeklügelte Großserienfertigung – wobei der kurz vor Serienanlauf stehende L 4500/L 312 die Stückkosten noch weiter absenkte. Auch in Sachen Nutzlastfaktor gab sich der Mercedes keine Blöße, doch den Klassensieg sicherte er sich durch seine überragende Strapazierfähigkeit, die nicht nur im Prospekt stand: 1952 hatten die ersten L 3500 Laufleistungen von deutlich über 100.000 Kilometer und manche sogar schon von 200.000 Kilometer hinter sich gebracht, ohne dass die Motoren, wie Merce-

In eigener Sache: Mercedes-Benz war mit seinen Silberpfeilen zur Mitte des Jahrzehnts die dominierende Kraft im Motorsport. Hier bringen die L 311 der Rennabteilung die Rennsportwagen vom Typ 300 SLR zum Start der 1955er Targa Florio auf Sizilien.

Der OM 312 stellte in den frühen Jahren den Standard-Dieselmotor für Lastwagen aus dem Werk Mannheim dar. Dieser entsprechend ausgerüstete L 3500 begleitete Ende November 1952 die Mercedes-Benz Rennabteilung zur III. Carrera Panamericana Mexico. Dahinter, am Straßenrand, eine ebenfalls zum Tross gehörende 220 Limousine (W 187).

des vermeldete, »auch nur einen Schraubendreher gesehen« hätten. Tatsächlich gab es genügend Exemplare, die solche Laufleistungen in anderthalb oder zweieinhalb Jahren ohne kostspielige Reparaturen absolviert hatten, was laut dem Fachmagazin »Last-Auto und Omnibus« bei diesem Typ keine Ausnahme darstellte.

Die Zeitschrift widmete sich im Frühjahr 1952 zweien solcher Dauerläufer mit reichlich Kilometern auf der Uhr und lückenloser Wartungshistorie, um die Langzeitkosten zu ermitteln. Eine theoretische Wirtschaftlichkeitsberechnung war zwar Bestandteil aller ausführlichen Neufahrzeugvorstellungen, doch das Ergebnis des Gebrauchttests anhand realer Zahlen überraschte dann doch: Die Kosten pro Kilometer beliefen sich auf die 200.000 Kilometer-Distanz auf 16,1 Pfennige inklusive Abschreibung und lagen damit gut ein Viertel unter dem statistischen Mittel – ein sensationeller Wert. Diese überragende Wirtschaftlichkeit (die nicht zuletzt auch der sorgsamen Behandlung durch fähiges Fahrpersonal zu verdanken war) entpuppte sich als bestes Argument für die Anschaffung eines L 3500. Zumal auch die Ersatzteilpreise günstig waren: Ein Tauschaggregat kostete 1750 Mark und machte den 200.000-Kilometer-Benz fit für die nächsten Erdumrundungen. Diese beispielhafte Produktqualität sprach sich herum und ist mit ein Grund dafür, dass es Daimler-Benz in kürzester Zeit gelingen konnte, eine marktbeherrschende Stellung zu erringen: Im Jahr 1951 wurden allein von diesem Typ 8758 Stück herge-

KUKA
Pfitzenmeier + Rau
Müll + Fäkalienabfuhr
Knittlingen
VAI-Y 148

stellt, und Nallinger durfte unwidersprochen feststellen: »Der L und O 3500 ist ... bereits heute zu einem neuen Begriff der Wirtschaftlichkeit geworden.«

Während Mercedes-Benz nun endlich wieder groß ins Lkw-Geschäft einstieg, zog sich der große Vorkriegsrivale Opel allmählich zurück: Die Tochter des US-Giganten General Motors konzentrierte sich künftig auf leichtere Lkw bis 1,75 Tonnen. Damit war der Weg frei für den Mercedes-Benz L 311. Auch dieser Typ, ein überarbeiteter L 3500, wurde auf Anhieb zu einem großen Erfolg und stürmte über Nacht auf Platz eins der Zulassungscharts in seinem Segment: »Dieses Fahrzeug [hat] nicht nur im Inland, sondern vor allem im Ausland einen einzigartigen Erfolg zu verzeichnen. Seine stetig zunehmende Produktion ist heute lediglich durch das Materialproblem begrenzt.« Erst im April 1961 wurde die Fertigung des L 311 endgültig eingestellt.

Ein wunderbar restaurierter 1956er Müllwagen auf Basis LKO 311 mit Aufbau von Keller & Knappich, Augsburg, fegt durch die Altstadt von Vaihingen/Enz, nördlich von Stuttgart. Diese Ecke bildete 1932 schon einmal den Hintergrund für eine solche Szene.

Damals war der Protagonist ein N 5, ebenfalls mit 3 Tonnen Nutzlast und Aufbau von Kuka, Augsburg.

1952 erreichten die ersten L 3500 satte sechsstellige Kilometerleistungen ohne Motorrevision. Die Fachpresse überprüfte solche Dauerläufer und war ob der Qualität mehr als begeistert. Diese Aufnahme entstand aber erst 1957.

L 311 der Bundespost, Aufbau von 1958. Verwirrung gibt es immer wieder bezüglich der Position der Scheibenwischer: Bei allen Mercedes-Benz Lkw ab L 312 aufwärts waren sie spätestens ab 1955 unten angebracht. Allerdings sind auch Bilder von Mitte/Ende 1952 bekannt, bei denen die Wischerarme schon nicht mehr oben angelenkt sind. Bei den 311ern hingegen scheint sich daran bis zum Auslaufen der Modellreihe nichts geändert zu haben.

Dieser L 311 von 1960 aus den Niederlanden war 2019 auf der Retro Classic in Stuttgart zu sehen. Der Tanker mit langem Radstand gehört nun zum Bestand des Werks Wörth. Diverse Tankaufbau-Hersteller wie Strüwer oder Ellinghaus waren für Aufbauten dieser Art zuständig.

Die Fertigung des L 311 wurde im April 1961 endgültig eingestellt. Insgesamt entstanden von allen Baureihen 145.739 Einheiten. Dieses restaurierte Exemplar stammt von 1960.

Omnibusse aus Mannheim

Sehr bedeutend für die zukünftige Entwicklung des Mannheimer Werks sollte der 24. Dezember 1949 werden: An diesem Weihnachtstag entstand der erste Vorserien-Omnibus der dortigen Nachkriegsproduktion, noch als O 3250 bezeichnet, weil auf dem unveränderten Fahrgestell des Lkw aufgebaut. Damit übernahm der badische Standort einen Teil der Omnibusfertigung aus Sindelfingen. Im März 1951 schließlich konzentrierte Daimler-Benz mit Serienanlauf des letzten Hauben-Omnibusses O 6600 die komplette Mercedes-Benz Omnibusproduktion im Mannheimer Werk, wo ab Frühjahr

Der erste Omnibus aus Mannheimer Nachkriegsproduktion basierte auf dem L 3250. Bei diesem Omnibus handelt es sich um ein Vorserienexemplar vom Mai 1949. Vor die pompöse Kulisse von Schloss Monrepos will der schmucklose Stadtbus nicht so recht passen.

Ein halbes Jahr später, im Dezember 1949, kam die Allwetter-Ausführung. Die Zeiten wurden langsam besser. Das Werk bot nun Luxusfeatures wie Dachrandverglasung, Chrom und eine Zweifarben-Lackierung an.

Nutzfahrzeuge für den Export: Auf dem Autosalon Paris im Jahr 1953 zeigte Mercedes-Benz neben dem O 3500 in Überland-Ausführung auch den Unimog mit verschiedenen Anbaugeräten, zum Beispiel Druckluftanlage, hinterer Seilwinde und einem leichten Planierpflug.

1953 zusätzlich zum Lkw-Typ L 311 der L 4500/L 312 vom Band lief. Zu diesem Zeitpunkt waren Omnibusse, wie seit Anbeginn der Nutzfahrzeug-Produktion, im Grunde genommen noch Lastwagen mit anderem Aufbau und wiesen alle damit verbundenen Nachteile auf. Die neue Omnibusgeneration von 1954, in Mannheim gefertigt, machte damit ein für alle Mal Schluss, obwohl sich die Fahrzeuge zahlreicher Komponenten aus dem Mannheimer Lkw-Baukasten bedienten. Andererseits beeinflusste die Bus-Entwicklung auch den Lkw-Bau, insbesondere den des letzten Mannheimers Langhaubers L 321.

Der erste Mercedes-Omnibus nach völlig neuer Konzeption war ein Heckmotormodell, bei dem die Konstrukteure die Rahmenbodenanlage mit der Karosserie zu einer selbsttragenden Einheit verschweißt hatten. Diese sogenannte »Semi-Integral-Bauweise« bot wesentlich mehr Stabilität und Raum als jede andere Lösung zuvor. Die Presse überschlug sich vor Begeisterung, und die Busunternehmer machten diesen Typ O 321 H zum meistverkauften Bus in Europa. Drei Jahre später folgte ein neuer Heckmotor-Linienomnibus mit dem Gaggenauer OM 321, der die Baureihenbezeichnung O 317 trug, und auch dieser Typ entwickelte sich zu einem Erfolgsmodell.

Die überragenden Erfolge der Mannheimer Busentwicklungen führten zunehmend zu Kapazitätsengpässen in der Lkw-Fertigung. 1965 schließlich entschied Daimler-Benz, die Lkw-Produktion ganz aus Mannheim abzuziehen und ins etwa 60 Kilometer entfernte rhein-

Der Omnibusmarkt nahm in den 1950ern einen gewaltigen Aufschwung. Diese Werksaufnahme zeigt einen Allwetter-Bus O 3500 in einem Wintersportgebiet. Vielleicht noch interessanter als der Bus selbst ist das, was da auf dem Parkplatz steht: Brezel-Käfer, Opel Olympia Cabrio-Limousine, hinten rechts ein 170er Mercedes, daneben ein Hansa 1800, links ein Kapitän – Opel verkaufte damals mehr Sechszylinder-Limousinen als Mercedes-Benz, Kapitän-Fahrer gehörten daher zum automobilen Oberhaus.

DAS
BLAUPUNKT
MK E 312 H

Urgestein: Bereits 1979 wurde dieser O 3500 restauriert. Das Besondere an diesem Fahrzeug ist sein Anhänger. Es handelt sich hierbei um einen bei der Firma Gottfried Lindner AG aus Halle-Ammendorf als »Kriegstyp 41« im Jahr 1942 hergestellten Omnibusanhänger. (Foto: Ralf Weinreich)

land-pfälzische Wörth nahe Karlsruhe zu verlegen. Bereits 1960 hatte das Unternehmen in Wörth ein 1,5 Millionen Quadratmeter großes Industriegelände gekauft, auf dem ein neues, zentrales Lkw-Produktionswerk entstehen sollte. 1962 folgte der erste Spatenstich, der erste Lkw – ein leichter LP 608 – lief im Juli 1965 vom Band.

Mit dem O 3500 endete die Ära der Hauben-Omnibusse aus Mannheimer Produktion.

Nur partiell aus Mannheim: Perfekt restaurierter O 3500 mit einem seltenen Emmelmann-Aufbau aus dem Jahr 1951.

Der berühmte Renntransporter basiert auf einem O 3500-Fahrgestell, um eine niedrigere Ladehöhe zu erhalten als bei einem Lkw-Fahrgestell.

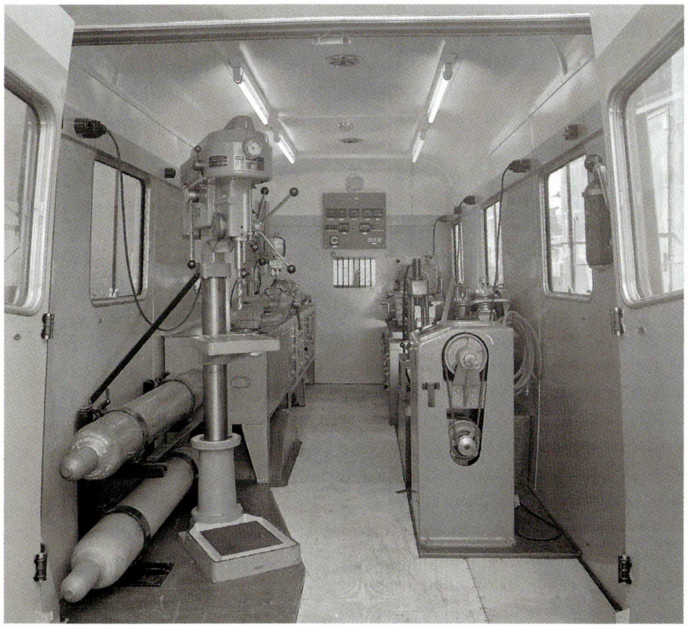

Es gab zwei dieser Fahrzeuge, im zweiten befand sich eine komplett eingerichtete Schlosser-Werkstatt. Die Aufbauten stammten von der Firma Lueg, Essen.

Hier stehen beide Service-Fahrzeuge der Rennabteilung zusammen mit dem Schnelltransporter am Morgen des 22. Mai 1955 an einer Hafenmole in Monaco. Der Bus im Hintergrund, ein O 6600 H, dürfte ebenfalls zum Team gehört haben. Beim Grand Prix kam keiner der favorisierten Mercedes-Benz W 196 Formel-1-Wagen ins Ziel.

Kapitel 3
Wachsende Erfolge: L 4500/L 312

Der überaus robuste Mannheimer Mercedes erwies sich als Volltreffer und blieb – ab 1955 unter dem nichtssagenden Modellnamen L 311 gelistet – ein zentraler Teil der Mannheimer Lkw-Palette. Mit auf 4,5 Tonnen erhöhter Nutzlast und entsprechend verstärkter Bereifung, aber ansonsten technisch eng verwandt, ergänzte das Schwesterfahrzeug L 4500 ab Sommer 1953 das Mannheimer Produktionsportfolio mittelschwerer Lkw.

Foto: Ralf Weinreich

Blick in die Reparaturhalle der Niederlassung München. Im Vordergrund stehen die mittleren Lastwagen L 311/L 312, die meistverkauften Lastwagen jener Dekade: Um 1955 herum lag der Marktanteil dieser Typen in der Bundesrepublik bei fast 60 %.

Neuer Alter: der L 4500/L 312

Premiere feierte der zweite Mannheimer Lkw-Typ vom 19. bis 29. März 1953 auf der IAA; Daimler-Benz ergänzte mit dem L 4500/L 312 das Programm der mittelschweren Lkw. Er unterschied sich konstruktiv vom L 3500 durch den verstärkten Rahmen mit Knotenblechen an den Übergängen von Längs- und Querträgern, die das Fahrgestellgewicht um rund 150 kg erhöhten. Damit belastete das schwerere Fahrgestell die Achsen mit 70 bzw. 65 kg zusätzlich, was weitere Änderungen nach sich zog. Alle Maßnahmen zusammen ergaben eine von 4750 auf 5685 kg gestiegene Tragfähigkeit des Fahrgestells. Weitere Modifikationen betrafen die Hinterachsübersetzung (1:6,83, beim L 311 nur auf Sonderwunsch, Serie: 5,72) und die Bremsanlage (wirksame Belagfläche 2880 cm^2 statt 2520 cm^2, Bremstrommeldurchmesser hinten 408 statt 400 mm). Außerdem, und das war ganz wesentlich: Der L 312 besaß die beim L 311 nur auf Wunsch erhältliche Einkreis-Druckluftbremsanlage serienmäßig, rund 60 kg des Mehr-Gewichts entfielen auf diese sicherheitsrelevante Verbesserung. Zur verstärkten Bremsanlage kamen Kegelrollenlager fürs Getriebe, neue Seitenantriebswellen, Teleskopstoßdämpfer vorn sowie Reifen der Dimension 8.25-20 anstelle der üblichen 7.50-20. Um Pritsche und Rahmen zu entkoppeln, wurde nun eine Holzleiste dazwischen eingelegt.

Am einfachsten waren die beiden Mannheimer Typen von vorne zu unterscheiden: Beim größeren L 4500 war die vordere Schleppkupplung unter, und beim 312er in der Stoßstange angebracht. Kaum Unterschiede ergaben sich dagegen in Lenkgeometrie und Wendekreis-Durchmesser: Beim 312er wie auch beim 311er betrug Letzterer 15,7 m. Hier wie da übertrug eine ZF-Schneckenlenkung vom Typ 704 die Richtungsänderungen, und hier wie da entpuppten sich Lenkmanöver als schweißtreibende Angelegenheit. Die Höchstgeschwindigkeit wurde mit 75 km/h angegeben, den 311er hatte man im Test mit 80,4 km/h gestoppt und einen Kraftstoffverbrauch von günstigen 14,3 Litern ermittelt. Nach Wegfall der alliierten Beschränkungen konnte dieser Typ nun auch mit Allradantrieb geordert werden, was insbesondere für die Bauwirtschaft von Bedeutung war. In der Ausstattung entsprach der 4,5-Tonner dem kleineren Modell. Und wie beim leichteren Bruder waren die Scheibenwischer oben angelenkt.

Modellpflege

Für 1955 ergaben sich einige Änderungen, die zumindest teilweise auch für den L 3500/L 311 galten. Die vielleicht wichtigste betraf die Klappwinker. Diese, bislang auf Auslegern an der B-Säule angebracht, wurden durch auf die Kotflügel montierte Blinker abgelöst. Dieser Wechsel vom Winker zum Blinker zog sich quer durch die Modellpalette, kam also nicht nur für die Mannheimer Typen zum Tragen. Dazu kam die an anderer Stelle bereits thematisierte neue Positionierung der Scheibenwischer mitsamt ihrem Antrieb, die von oberhalb der Scheibe nach unten verlegt wurde, sobald die Lagerbestände abgebaut waren. Der Wechsel dürfte sich bis ins Spätjahr 1955 hingezogen haben.

Nach der IAA 1955 war der L 312 auf Wunsch und gegen 300 Mark Mehrpreis auch mit dem Fünfgang-Synchrongetriebe des Heckmotor-Busses O 321 H auszustatten. Lieferbeginn war aber erst das Frühjahr 1956. Zu diesem Zeitpunkt waren die Arbeiten am auf 100 PS erstarkten OM 312 schon nahezu abgeschlossen, seine Einführung war für Juli 1956 geplant. Und noch etwas gehört zu den Besonderheiten des Jahres 1955: Zum ersten Mal senkte Daimler-Benz die Preise für bestimmte

Der L 4500 hatte das Fahrerhaus des L 3500. Das bedeutete auch: Durch die kleine Heckscheibe war die Sicht nach hinten bescheiden. Und anders als beim Kurzhauber, wo die Bleche entsprechend gepresst waren: Ab Werk war ein Einbau von Eckfenstern nicht vorgesehen.

Nachdem der L 4500 auf der IAA (damals noch im Frühjahr) vorgestellt worden war, begann im August 1953 die Serienfertigung des 4,5-Tonners.

Vielleicht noch interessanter als der Tankauflieger mit Pfauenaugenschliff und den Ackermann-Schwingen sind die Eckfenster an diesem LS 312. Diese waren nachträglich eingebaut worden, ab Werk war der Aufwand zu groß.

Lastwagen-Varianten: Mit Wirkung vom 1. Dezember 1955 reduzierte sich der Verkaufspreis eines Unimog S in Grundausführung um 900 auf 15.900 Mark, und zum gleichen Zeitpunkt wurden die Einstandspreise für die im Werk Mannheim hergestellten Allrad-Typen LA 311 und LA 312 um jeweils 840 Mark herabgesetzt.

Mit dem 100-PS-Motor kam anstelle der früheren ZF-Schneckenlenkung eine Daimler-Benz Kugelumlauflenkung zum Einsatz, die eine wesentliche Verbesserung (laut Tests nun »sehr leichtgängig, fast erschütterungsfrei«) darstellte: »Läßt sich ohne jede Anstrengung im Straßenverkehr wie auch im Gelände ... leicht dirigieren.« Vielleicht eine Erklärung dafür, warum Daimler-Benz für diese Typen nie eine Servolenkung (»Lenkhilfe«) angeboten hat.

Weitere Änderungen: Die Rahmenquerträger waren nun nicht mehr verschweißt, sondern vernietet. Dies sorgte für einen gewisse Elastizität und wirkte den bereits angesprochenen, damals bei voll verschweißten Fahrgestellen nicht seltenen Rahmenbrüchen entgegen. Angeboten wurde jetzt auch eine Motorbremse als zusätzliche dritte Bremsanlage, die in der Folge vom Gesetzgeber auch verbindlich vorgeschrieben wurde. Der Betätigungshebel dafür lag unter dem Lenkrad.

Nur für Exportzwecke: der L 312 von 1959

Bei der Auslegung jedes neuen Lkw hatte die Exportabteilung von Daimler-Benz ein gewichtiges Wörtchen mitzureden gehabt, denn die Auslandsmärkte waren von höchster Bedeutung: 1956 hatte das Unternehmen bei den Lkw über 3 Tonnen Nutzlast einen Anteil von 70 % an den Gesamtausfuhren. Daher war bei allen Besprechungen, die das Lkw-Programm betrafen, die

Die beiden Mannheimer Typen waren in weiten Teilen baugleich.

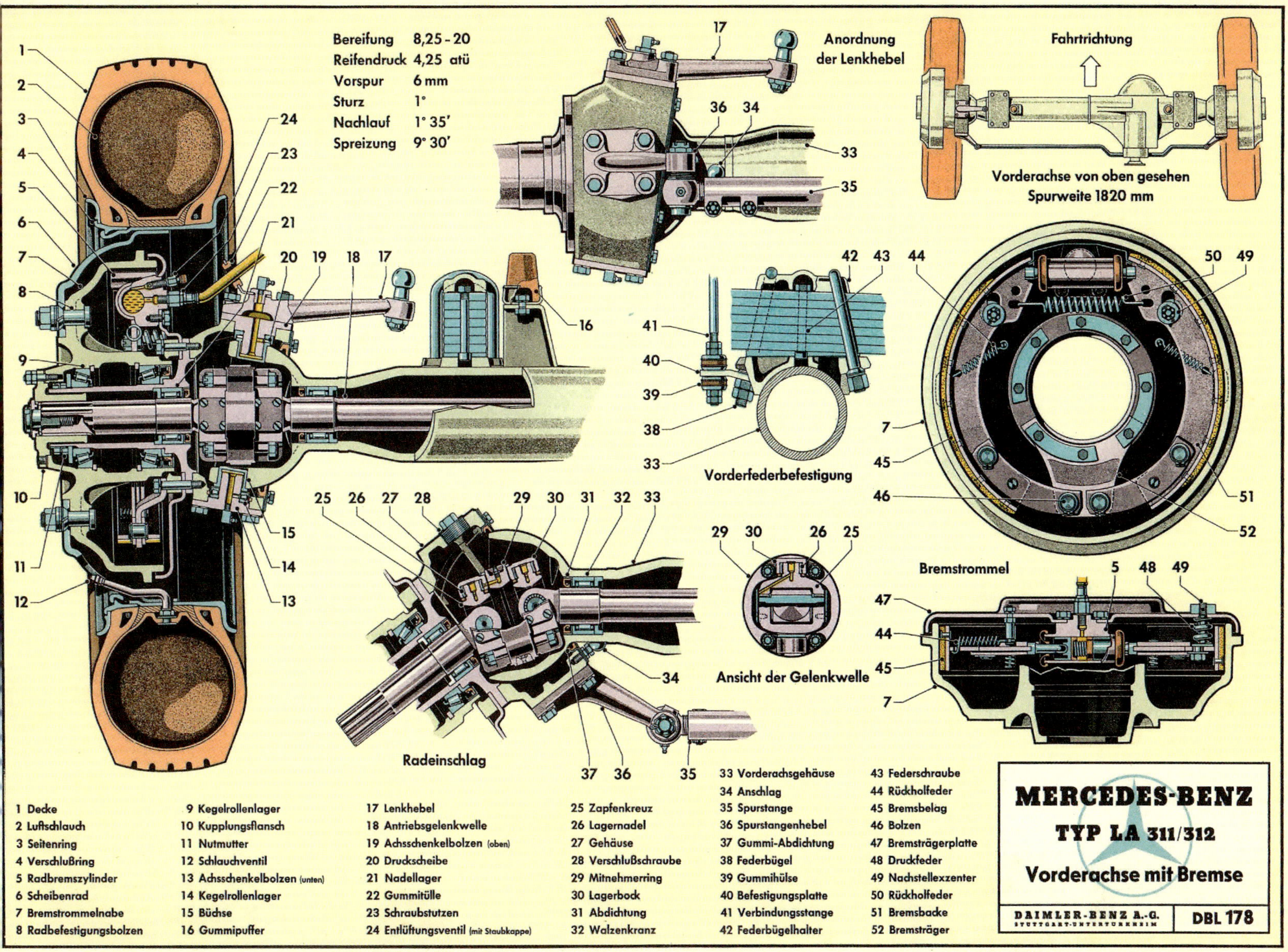

Das galt zum Beispiel auch für die Vorderachse. Für den 4,5-Tonner war sie aber zu schwach, denn die Vorderachslast wurde oft überschritten – nach Daimler-Untersuchungen waren 500 kg keine Seltenheit.

Exportabteilung mit im Boot, und auf deren Bitte hin gingen die mittelschweren Mannheimer in die Verlängerung: Denn die eigentliche Nachfolge-Baureihe, der Kurzhauber L 322, war in einer höheren Gewichtsklasse angesiedelt, was wiederum einen höheren Verkaufspreis bedeutete. Um Absatzeinbußen im Exportgeschäft zu vermeiden, wurde daher beschlossen, für den Export den 1959 auslaufenden L 321 durch den auf 5,2 Tonnen aufgelasteten 4,5-Tonnen-Dauerbrenner L 312 zu ersetzen. Der hatte am Ende zwar 250 Kilogramm weniger Nutzlast als der L 321, konnte dafür aber billiger angeboten werden als dieser.

Zu den Unterschieden bei der Mutation vom 321 zum aufgelasteten 312 gehörte unter anderem eine neue Position des Tanks, der nun seitlich am Rahmen saß und nicht mehr unter der Sitzbank platziert war. Außerdem wies er ein Fassungsvolumen von 100 Litern auf, 8 Liter mehr als bisher. Die Bosch-Einspritzanlage war bei beiden Fahrzeugen identisch, die Elektrik nur in Teilen, denn im aufgelasteten 312er kam lediglich eine 12-V-Batterie mit 135 Ah zum Einsatz, beim L 321 waren es zwei mit jeweils 84 Ah Kapazität gewesen. Dazu gesellten sich weitere Änderungen, die schon auf den Nachfolger hinwiesen, beispielsweise ein neues Getriebe mit fünf vollsynchronisierten Fahrstufen, eine Kugelumlauflenkung, eine leichtgängigere Kupplung mit höhere Lebensdauer, eine Warmwasserheizung und Blinker (betätigt mit einem Blinkerhebel am Lenkrad) statt der Winker (die per Schalter am Armaturenbrett betätigt worden waren).

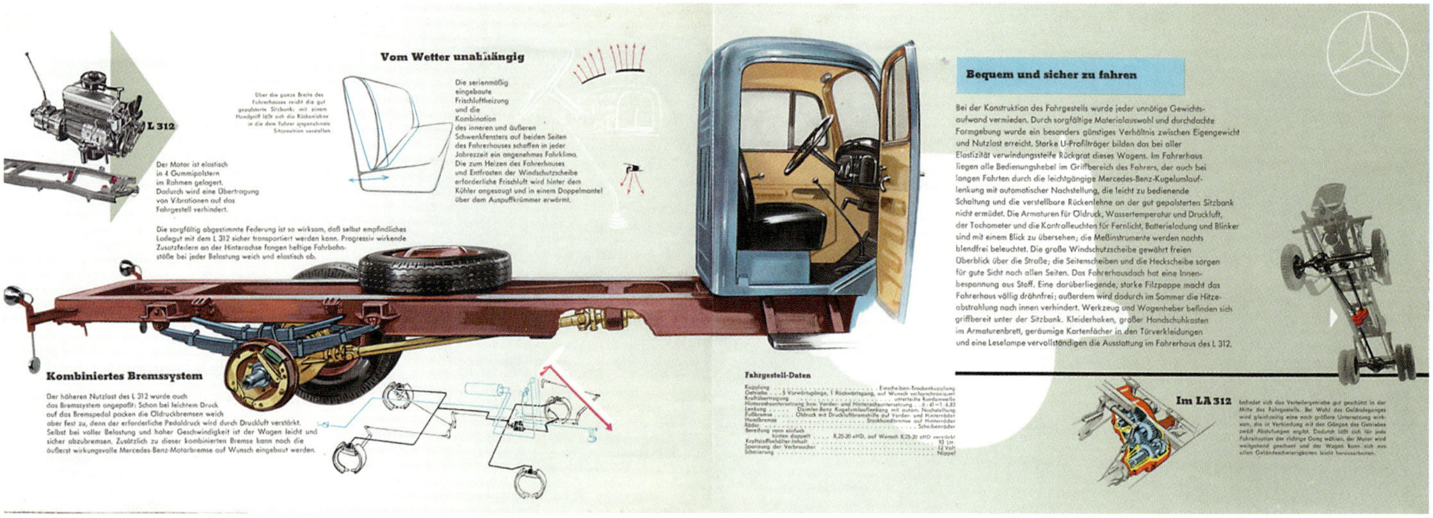

Beim L 4500 wurde die Rahmenkonstruktion versteift: Die Querträger waren nun mit Knotenblechen an den Längsträgern befestigt.

Mannheimer L 4500 (frühe Haube) in Diensten der Berliner Brauerei Engelhardt (»Charlottenburger Pilsener«). Die Lkw tragen Besatzungskennzeichen, »KB«, steht für die Westsektoren »Kommandantur Berlin«.

Dass Daimler-Benz nach 1955 in der Bauwirtschaft absatztechnisch an Boden verlor, lag nicht nur an Krisen oder Konkurrenz, sondern auch am unzeitgemäßen Fahrerhaus.

Ein Sattelzug aus den 1950er Jahren. Interessant ist die Zugmaschine mit der großen »Hütte« (Foto: Titgemeyer H. Heinol, cc-by-sa 3.0)

Es ist kaum möglich, insbesondere bei Fahrzeugen vor 1955, den genauen Typ zu bestimmen. Diese Doppelkabine dürfte ursprünglich ein Feuerwehrfahrzeug oder ein Bautruppwagen gewesen sein. (Foto: Charles01, cc-by-sa 4.0)

Schmuckstück: Früher Mannheimer der Spedition Meyer, Bremervörde, liebevoll restauriert. Damals waren zwei getrennt zu steuernde Scheibenwischer Stand der Technik. (Foto: Ralf Weinreich)

Merkmal der 1957er-Modelle waren Änderungen am Fahrerhaus entsprechend dem L 321. Dazu gehörten nun zwei schmale Rückfenster anstelle der einen kleinen Heckscheibe: LAK 312 der Baufirma Lang in Gaggenau.

Dieser Langhauber wurde als Fahrgestell mit Windlauf an Ackermann geliefert und dort als Möbelkoffer aufgebaut. Der Kofferboden bestand aus Brettern aus der Stammmitte, denn diese verzogen sich aufgrund ihrer Struktur bei Feuchtigkeit am wenigsten. (Foto: Ralf Weinreich)

Pritschenwagen mit mittlerem Radstand, den zwei kleinen Heckfenstern und unten angeschlagenen Scheibenwischern, wie er ab dem Modelljahr 1957 gebaut wurde.

Diese einst überall anzutreffenden 4,5-Tonner nannte man völlig zu Recht »Brot und Butter-Autos«, bildeten sie doch das Rückgrat des Transports der Wirtschaftswunderzeit. (Foto: Ralf Weinreich)

Dr. Waldo Scribante of George, Präsident des Mercedes Benz Club of South Africa (MBCSA) besitzt diverse L 312, darunter diesen Shell-Tanker von 1955. (Foto: Bob Adams, cc-by-sa 2.0)

Dieser L 312 von 1955 aus der »Scribs«-Sammlung darf eine Heckflosse transportieren. Zur Sammlung gehören fünfzig Mercedes-Modelle. (Foto: Bob Adams, cc-by-sa 2.0)

»Alle sind fahrbereit«, so »Scribs«, »wenngleich nicht perfekt«. Bei diesem 1960er-Pritschenwagen fehlen die Scheibenwischer und die Rückspiegel. (Foto: Bob Adams, cc-by-sa 2.0)

Entgegen ursprünglichen Planungen bot Mercedes-Benz die L 311/L 312-Typen nie als Frontlenker, sondern nur als Frontlenker-Fahrgestelle an. Dieser LP trägt ein Fahrerhaus von Binz.

Die unmittelbar bevorstehende Einführung der Kurzhauber ließ die Langhauber-Verkaufszahlen 1959/60 ein letztes Mal steigen. Erst mit dem Modellwechsel waren auch die mittleren Mannheimer ab Werk mit einer LP-Kabine zu haben. Links ein LP 328 (7,49 Tonnen Gesamtgewicht und damit Nachfolger des L 311), rechts ein L 312. (Foto: Ralf Weinreich)

LA 311/312: für Baustellen und Schwellenländer

Erster Allrad-Mercedes der 1950er-Jahre war der LA 3500 beziehungsweise LA 311, der für Exportmärkte in Militärausführung vorgestellt wurde und im Inland Bauunternehmer überzeugen sollte. Der 3,5-Tonner aus Mannheimer Produktion – präsentiert im März 1951, aber von einer Serienfertigung noch weit entfernt – entsprach dem normalen 4x2-Typ mit stabilerem Fahrgestell; im Prinzip war nur eine neue Vorderachse mit Achsdifferenzial sowie ein Zusatzgetriebe für die Berguntersetzung hinzugekommen. Vorder- und Hinterachse, beide mit Kegelrollenlagern, gehärteten Drehzapfen und Gleitlagern, waren weitgehend baugleich. Bei normaler Fahrt wurde die Motorkraft über das Zweigang-Verteilergetriebe an die Hinterachse weitergeleitet, bei zugeschalteter Vorderachse wurde automatisch auch die Geländeuntersetzung aktiviert. Jeweils ein Differenzial vorne und hinten komplettierte die Allrad-Ausstattung. Eine Differenzialsperre wirkte speziell auf die Hinterachse (Quersperre). War die Sperre eingelegt, so war dort ein starrer Durchtrieb hergestellt. Dies bewirkte, dass, wenn ein Rad auf einer Seite durchdrehte, sich das Fahrzeug mit dem gegenüberliegenden Rad der Achse fortbewegen konnte.

Nachdem die Restriktionen der Alliierten gefallen waren, präsentierte das Werk im März 1951 wieder einen Allrad-Lastwagen. Natürlich wurde auch hier die Verbrennungsluft über den rechten Kotflügel angesaugt.

Von einer Serienfertigung war der LA 3500 bzw. LA 311 anfangs noch weit entfernt, das Werk hatte keinerlei Produktionskapazitäten.

Die Erprobung erfolgte, wie schon zu Vorkriegszeiten, auf dem eigenen Testgelände »Sauberg« in der Nähe von Gaggenau.

Auf ein drittes Differenzial zwischen den Achsen verzichtete Daimler-Benz aus Kostengründen und verbrämte diese Einsparung mit folgenden Worten: »Bei Nichtvorhandensein eines solchen besteht der Vorteil darin«, so das Werk, »dass bei einem Durchrutschen einer der beiden Achsen doch noch das volle Motordrehmoment über die zweite Achse auf den Boden übertragen wird.« Natürlich war bei späteren Modellen eine solche Differenzialsperre zumindest gegen Aufpreis mit an Bord. Doch auch ohne waren die Steigungen, die sich mit einem voll beladenen Solofahrzeug bewältigen ließen, ganz beachtlich. Mit Hinterradantrieb hatten die Mercedes-Techniker ein Steigvermögen von 30 % ermittelt, mit Allradantrieb waren 45-%-Steigungen im Hängerbetrieb zu schaffen, auch wenn es dann kaum in Schrittgeschwindigkeit bergauf ging. Ein 1953 erschienener Test der Zeitschrift »Das Nutzfahrzeug« mutete einem Solo-LA sogar noch mehr zu: »Erstaunlich war, dass es auch noch auf einer Steigung von mehr als 50 Prozent (26,57°) gelang, mit einer Kiesladung von reichlich drei Tonnen aus dem Stand wieder anzufahren.«

Achsantriebe und Untersetzungen mussten natürlich dem Geländebetrieb angepasst werden, denn die Belastungen waren im Gelände viel höher – nicht nur wegen der durch die Geländeuntersetzung größeren Motordrehmomente, sondern auch wegen eventueller Höhenunterschiede zwischen Vorder- und Hinterachse. Die dabei auftretenden Verwindungen erforderten Änderungen an der Rahmenausführung, denn je torsionsfreudiger ein Rahmen, desto besser die Achsverschränkung und desto eher bleiben die Räder am Boden und liefern Vortrieb. Daher hatte der Allradler längere Vorderachsfedern, andere Federböcke und Hebelstoßdämpfer anstelle der üblichen Teleskopstoßdämpfer an der Vorderachse. Das Fahrerhaus verfügte über eine Dreipunkt-Gummilagerung, die für eine gewisse Ent-

Sammelprospekt für die Mannheimer Allrad-Hauber. Spätere Auflagen des Prospekts trugen dann natürlich nur die aktuellen Typenbezeichnungen LA 311/LA 312.

Zwar nur zeichnerisch dargestellt, aber auf jeden Fall realistisch wirkt die Achsverschränkung: Mercedes-Allradler waren für den Geländeeinsatz prädestiniert.

kopplung von Aufbau und Rahmen sorgte: »Auch bei einem völlig verwundenen Fahrzeug war es möglich«, schrieb ein zeitgenössischer Lkw-Tester beeindruckt, »ohne Schwierigkeiten die beiden Türen des Fahrerhauses zu öffnen bzw. zu schließen.« Ebenfalls neu: Die Pritsche war nun mit einem Stahlunterbau anstelle des üblichen Holzbodens versehen.

Wie bei der hinterradgetriebenen Ausführung betrug die Höchstgeschwindigkeit des LA 3500 80 km/h, und in Sachen Nutzlast herrschte ebenfalls beinahe Gleichstand, denn der Gelände-Kipper war nur ungefähr 75 Kilogramm schwerer als der normale Dreiseitenkipper, der Allrad-Sattelschlepper war sogar um 65 Kilogramm leichter. Aus gutem Grund hatten die Entwickler auf ein möglichst geringes Eigengewicht besonderen Wert gelegt. »Durch die Entwicklung jedes einzelnen Teils auf günstige Formgebung nach dem Kräftefluss und

Ein Allrad-Kipper LA 312/36 in Diensten der Stadt Bietigheim-Bissingen. Die Kippbrücken kamen meist von Meiller, die Pritschen fertigte Mannheim. Und das Holz lieferte die Mercedes-Tochter »Holzindustrie Bruchsal« zu.

Motor, Kühler, Kupplung, Getriebe, Hinterachse, Bremsen, Federung und Fahrerhaus waren bei L- und LA-Typen identisch.

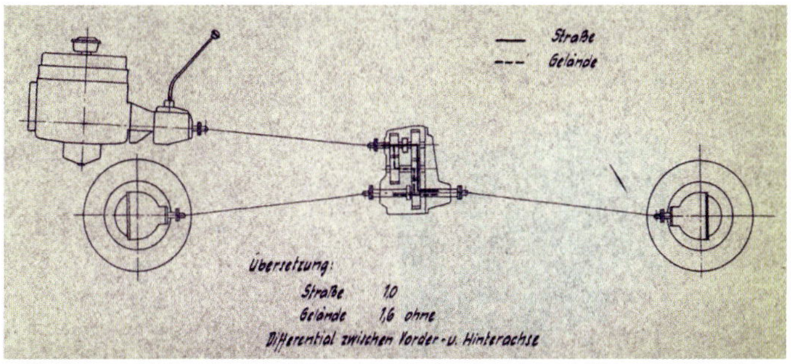

Schemazeichnung des Allradantriebs aus der LA-Pressemappe von 1951. Im Prinzip änderte sich daran nichts, doch ab 1957 erhielten die Gelenkwellen verbesserte Gummimanschetten.

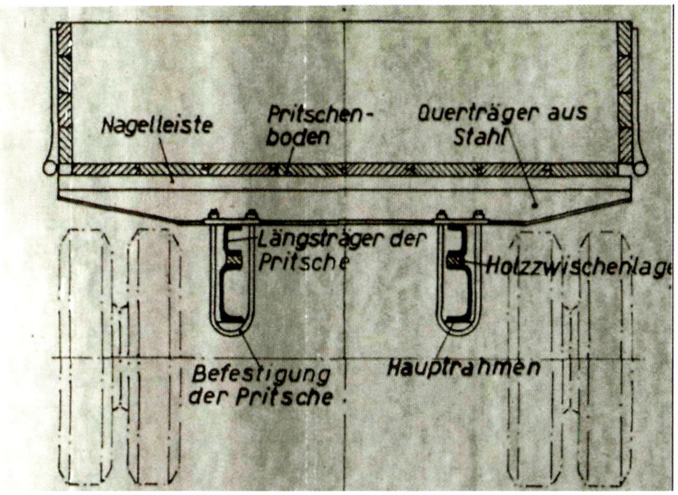

Ebenfalls in der Pressemappe gezeigt wurde der Pritschen-Unterbau auf einer Nagelleiste. Wegen der im Gelände auftretenden Verwindungen musste diese modifiziert werden.

Der LG 312 war die Militärausführung des L 312. Er wurde nicht für die Bundeswehr, sondern für Militär in Afrika und dem Mittleren Osten entwickelt, wie die großen Sandreifen belegen. Der Lufteinlass im Abdeckblech vor der Scheibe findet sich später beim L 321 wieder.

unter Verwendung hochwertiger Werkstoffe ergibt sich das außergewöhnlich geringe Gewicht des kompletten Fahrgestells von 2.585 bis 2.680 Kilogramm, je nach Radstand und Spezifikation«, ließ das Werk wissen, denn: »Die Folge ist kleinere Bodenbelastung, geringeres Einsinken und bessere Fortbewegungsmöglichkeit in kritischem Gelände als bei anderweitigen mit gleicher Bereifung versehenen Fahrzeugen derselben Größenordnung.«

Den Allrad-Mannheimer gab es mit 3200, 3600 und 4200 mm Radstand, Geländereifen höherer Tragkraft (8,25-20), anderer Lenkübersetzung mit größerem Wendekreis und einer Bremsanlage mit verringerter Gesamtbremsfläche. Und während beim Straßen-Lkw die Bodenfreiheit 240 mm betrug, war diese beim Allradler in den Papieren mit lediglich 235 mm ausgewiesen.

Der ganze große Durchbruch blieb den LA-Typen, die im Februar 1952 erstmals in den Daimler-Statistiken auftauchten, aber versagt, dazu war deren Nutzlast, etwa für das Baugewerbe, zu gering. Viel häufiger anzutreffen waren die 4x4-Versionen dagegen bei den Feuerwehren.

Eine wichtige Kundengruppe waren die Kommunen. Sie wurden mit eigenen Prospekten bedacht.

Schon damals waren zur Gulli- und Kanalreinigung spezielle Fahrzeuge erforderlich, die in überraschender Vielfalt angeboten wurden. Meist stammten die Aufbauten von Schörling.

Daimler-Benz lieferte sogenannte LKO-Fahrgestelle für Kommunalaufbauten – wobei sich nicht klären ließ, worin sich diese von den anderen Chassis unterschieden.

Dieser LA 312 von 1957 diente der Gülleentsorgung in der Landwirtschaft. Damals waren die anfallenden Mengen kleiner und wurden auch nicht über Landesgrenzen hinweg transportiert, wie das bei der heutigen Massentierhaltung üblich ist.

Der besondere Einsatzzweck erforderte zusätzliche Schalter und Instrumente, daher war das Armaturenbrett des LA etwas reichhaltiger bestückt als das eines normalen L. Der Hebel im Vordergrund schaltet die Vorderräder zu.

Bundespost und Behörden gehörten seit Jahrzehnten zu den besten Kunden des Hauses. Das ausgeklügelte Baukastenprogramm erleichterte die Wartung, denn viele Baugruppen waren austauschbar. Dieser LA 312 wurde 1959 an den Fernmeldenotdienst der Deutschen Bundespost ausgeliefert. (Foto: Ralf Weinreich)

Langhauber bei der Feuerwehr

Noch zehn Jahre nach dem Zweiten Weltkrieg stammten zwei Drittel der Feuerwehrfahrzeuge in Deutschland aus Kriegs- und Vorkriegszeiten. Rund 10.000 Fahrzeuge hatten ursprünglich überlebt, die Hälfte davon wurde aber in der Not der frühen Jahre zu normalen Lastwagen umgebaut und im Alltag verschlissen. An Neuanschaffungen war kaum zu denken; laut einer Statistik verfügte Deutschland anno 1950 noch über 5075 Feuerwehrfahrzeuge.

Vor 1945 war der Opel Blitz bei vielen Wehren anzutreffen gewesen. Nachdem dieser nicht mehr gebaut wurde, boten sich die neuen Mercedes-Langhauber als Ersatz geradezu an. Einziger Nachteil: Mit 90 PS war deren Motorleistung beinahe zu gering für den Betrieb der notwendigen Zusatzaggregate wie Löschpumpen und dergleichen mehr. Eine höhere Motorleistung schaffte der OM 312 aber nur mithilfe einer Aufladung, und solche Lader-Motoren hatte Daimler-Benz zum Zeitpunkt der Langhauber-Premiere werkseitig noch nicht im Programm. Erste aufgeladene Nutzfahrzeug-Diesel von Mercedes-Benz gab

Nach dem Krieg bestand ein gewaltiger Nachholbedarf an Feuerwehrfahrzeugen. (Foto: Ralf Weinreich)

Die preisgünstig angebotenen Langhauber füllten die Lücke. Aufnahme von 2010 vor den Toren des Mercedes-Benz Museums in Untertürkheim.

es dennoch bereits: Das Esslinger Unternehmen Eberspächer bot für den OM 312 leistungssteigernde Nachrüstlösungen an. Die Firma vor den Toren Stuttgarts war dann auch erste Anlaufstelle für Daimler-Benz, als es darum ging, Turbomotoren ab Werk anzubieten.

Der erste Turbomotor entsteht für Feuerwehren

Daimler-Benz begann erst später damit, Lader-Motoren zur Produktionsreife zu bringen. Noch im März 1953 verwies Entwicklungschef Nallinger erneut und explizit auf die Vorteile der bisherigen Vorkammer-Konstruktionen: Niedrige Verbrennungs- und Einspritzdrücke, gute Ausnutzung des Luftvolumens und geringe Verbrennungsgeräusche – all diese Vorteile sah er durch eine Aufladung gefährdet. Hinter den Kulissen wurde aber längst schon daran gearbeitet, doch die höher belasteten Turbo-Diesel waren anfangs alles andere als standfest. Aufgeladene Lkw-Motoren bot das Werk für bestimmte Verwendungen dann nach 1954 an. Auf einer Fachtagung im Dezember 1953 und vermutlich ein weiteres Mal bei der Fachtagung des »vfbd«, der »Vereinigung zur

Auf der ersten Bundesausstellung »Der Rote Hahn« in Essen (5.-14. Juni 1953) zeigte Daimler-Benz ein TLF 15 in Leichtstahlbauweise mit Hochdruckpumpe, hydraulisch gesteuerten Absperrventilen und automatischer Schlauchbruch-Sicherung. 2400 Liter Wasser konnten mitgeführt werden. Allerdings ist nicht klar, ob die Spezifikation des abgebildeten Fahrzeugs damit übereinstimmt.

Bei diesem TLF 3500 spricht man von einer »abgesetzten Bauform«. Natürlich stammt auch dieser Aufbau von Metz. Ein solcher mit Normalpumpe ausgerüsteter Wagen wurde ebenfalls im Juni 1953 vorgestellt.

Förderung des Deutschen Brandschutzes«, im Juni des Folgejahres, führten die Schwaben mit dem Tanklöschfahrzeug TLF 15/36 TA erstmals ein Modell vor, dessen Motor mit Abgas-Turbolader ausgerüstet war.

Die Basis bildete natürlich der L 3500 mit seinem Vorkammer-Triebwerk OM 312. In Normalausführung 90 PS stark, hatten diese Motoren geänderte Steuerzeiten, eine geringere Verdichtung und eine modifizierte Vorkammer. Mit dem Eberspächer-Lader leistete die Maschine 115 PS, mithin 25 PS mehr als der Basis-Sechszylinder. Der Lader erhöhte das Gewicht um lediglich 15 Kilogramm und steigerte die Dauerleistung im Standbetrieb auf rund 80 PS bei 1485/min, ohne dass unter Dauergas – etwa beim Pumpenbetrieb – allzu große thermische Probleme auftraten. Solche Lader-Motoren trugen in der Baureihenbezeichnung stets ein nachgestelltes »A«. Die frühen Turbo-Triebwerke waren trotz der langen Entwicklungszeit nicht frei von Problemen: Es gab Kolbenringbrüche, Kolbenfresser und Lagerschäden. Letztlich waren sie kein besonderer Erfolg, doch die Feuerwehren brauchten die höhere Leistung, um den Nebenabtrieb bedienen zu können.

Das Metz-Monopol

Auf Basis der mittelschweren Mannheimer Lastwagen L 311/312 erschien eine ganze Reihe von Löschgruppenfahrzeugen mit und ohne Turbomotor. Die meisten davon lieferte Metz in Karlsruhe. Die Spezialisten hatten bereits seit Vorkriegszeiten aufgrund eines sogenannten »Kooperationsabkommens« quasi das Monopol auf den Bau von Mercedes-Feuerwehren. Mannheim und Karlsruhe liegen geographisch dicht beieinander und sind per Schiff, Bahn und auch auf der Straße gut und schnell zu erreichen. Daimler-Benz lieferte Fahrgestell und Motorhaube (und in seltenen Fällen auch die Kabine, etwa für den Aufbau einer Truppkabine) bevorzugt an den badischen Nachbarn, wiewohl später auch andere Firmen, zum Beispiel Bachert und Ziegler, entsprechend bedacht wurden. Doch auch diese Hersteller waren meist im süddeutschen Raum ansässig. Bachert lieferte als erster deutscher Hersteller 1951 ein LF 8 (LF = Löschgruppenfahrzeug mit neunköpfiger Besatzung inklusive Fahrer und 800-Liter-Tragkraftspritze) – natürlich auf Basis eines Gaggenauer L 4500.

Metz in Karlsruhe hatte aufgrund bestehender Verbindungen, die bis weit in die Vorkriegszeit zurückreichten, quasi das Monopol auf Feuerwehr-Aufbauten.

Die Feuerwehraufbauten erfolgten im Regelfall auf mittleren Mercedes-Fahrgestellen mit Nebenabtrieb für die Feuerlöschkreiselpumpe, dafür wurde eben die Mehrleistung des Lader-Motors gebraucht. Mercedes-intern wurden diese Fahrgestelle mit »LF« bezeichnet, oder eben, falls mit Allradantrieb versehen, als »LAF«. Die meisten Mercedes-Feuerwehrfahrzeuge wurden als LF 8, LF 15 und TLF 15 auf Basis des L 311 karossiert, außerdem lieferte Metz auch zwei Drehleitern mit Steighöhen von 17 und 22 Metern. Nur in Ausnahmefällen kamen als LF/LAF auch 312er-Fahrgestelle zum Einsatz, insbesondere dann, wenn der Kunde bei der Bestellung besondere Anforderungen an die Tragfähigkeit seines Fahrzeugs stellte. Die Notiz im Besprechungsprotokoll einer Technischen Vorstandssitzung bei Daimler-Benz (bei der es eigentlich um die nachfolgende Lkw-Generation ging) legt aber nahe, dass aus Kostengründen für den Aufbau von LF und LAF 311/312 ausschließlich 312er-Fahrge-

Im Rahmen einer Feuerwehr-Fachtagung am 9. Dezember 1953 feierte der erste Turbodieselmotor in einem Mercedes-Benz Lkw seine Premiere.

Im Tanklöschfahrzeug TLF 15/36 TA leistete der OM 312 A dank des Abgasturboladers 115 PS. Die Mehrleistung war wegen des Nebenabtriebs hoch willkommen.

stelle verwendet wurden, ohne dies aber nach außen zu kommunizieren. Optisch voneinander abzugrenzen waren die Fahrgestelle sowieso nicht, und weil Metz die meisten Aufbauten lieferte, sahen die Fahrzeuge ohnehin alle sehr ähnlich aus, ohne dass es seinerzeit schon eine Normung gegeben hätte. An einer solchen arbeitete der »Arbeitsausschuß für Feuerlöschfahrzeuge und Sonderfahrzeuge« im »Fachnormenausschuß Feuerlöschwesen«, was am 1. Juli 1955 zu bundeseinheitlichen Baurichtlinien für Löschgruppen- und Tanklöschfahr-

Während die Fahrgestelle in Mannheim produziert wurden, erfolgte die Abwicklung meist über das Werk in Gaggenau. Aufnahme von 1957.

zeuge führte. Dabei wurde das zulässige Gesamtgewicht auf 9000 kg festgelegt, was perfekt zum L 311 passte.

Als nach 1955 die ersten Frontlenker-Fahrerhäuser zur Verfügung standen, verschwanden die Feuerwehr-Langhauber vergleichsweise schnell aus den Katalogen, zu überzeugend waren die Vorteile der LP-Modelle – insbesondere solchen mit kurzem Radstand – in puncto Platzausnutzung und Wendigkeit. In der Regel hatten die Langhauber-Fahrgestelle einen Radstand von 4200 Millimetern, während die Frontlenker einen Achsabstand von 3600 Millimetern aufwiesen.

Jedes Bundesland hatte zunächst seine eigenen Vorstellungen vom idealen Löschfahrzeug. Dieses LAF 311 als Löschgruppenfahrzeug LF 16 TS wurde von Metz 1955 gemäß den bayerischen Anforderungen aufgebaut. Hier fehlt noch die feuerwehrtechnische Bestückung.

Nachdem ab Werk auch Frontlenker-Fahrgestelle verfügbar waren, bestellte kaum eine Wehr mehr Langhauber. Anzeige von 1955.

Werbeanzeige Daimler-Benz AG, Werk Gaggenau: »Mercedes-Benz Lösch- und Rettungsfahrzeuge«, 1955.

Dieses Mercedes-Benz TLF 16 von 1957 ist untypisch, denn die LP-Front ist im Kässbohrer-Stil gehalten.

Typischer waren die LP-Fronten in Werks-Optik, die Wackenhut beeinflusst hatte.

Worin sich die L/LA-Fahrgestelle von denen der LF/LAF-Fahrzeuge unterschieden, konnte noch nicht geklärt werden. Verbürgt ist nur, dass es Fahrzeuge mit dem Normal-Fahrgestell der nächsthöheren Tonnageklasse gab, ohne als solche bezeichnet zu sein.

Auch ein Metz-Aufbau, aber nicht für die Feuerwehr. Wasserwerfer auf Basis L 3500 gingen meist an Bereitschaftspolizeien und Bundesgrenzschutz. Aufbau Metz, ca. 1952. (Foto: Archiv Motorbuch Verlag, Slg. Oswald)

Sekunden retten Menschenleben

Schnelligkeit und Schlagkraft sind die entscheidenden Vorzüge der Mercedes-Benz-Metz Löschfahrzeuge FLF 25 und PLF 1500. Mit höchster Geschwindigkeit fahren sie zum Brandort – ob querfeldein oder auf der Straße, und blitzschnell sind sie einsatzbereit. So werden wertvolle Sekunden zur Rettung von Menschenleben und Gütern gewonnen.

Das FLF 25, mit 115-PS-Dieselmotor, besitzt Schnellangriffseinrichtungen für Wasser, Schaum und Trockenpulver. Löschmittelvorrat: 2000 ltr. Wasser, 200 ltr. Schaummittel und 250 kg Trockenpulver.

Das PLF 1500, speziell zum Löschen von Treibstoffbränden ausgerüstet, führt 1500 kg Trockenpulver mit, von dem bis zu 400 kg pro Pistole und Minute auf den Brandherd gespritzt werden können.

Mercedes-Benz-Metz Feuerlöschfahrzeuge gibt es in vielen verschiedenen Ausführungen für alle Aufgaben neuzeitlicher Brandbekämpfung. Bitte lassen Sie sich von unseren Fachleuten im Werk Gaggenau unverbindlich beraten!

MERCEDES-BENZ-METZ

Kapitel 4
Mannheimer Maximum: L 321

Das Lkw-Programm von Mercedes-Benz galt Mitte der 1950er-Jahre zwar als überaus solide und zuverlässig, aber durchaus auch als angestaubt. Noch immer waren die Nachkriegs-Langhauber, insbesondere die Typen L 311 und L 312, mit einem Anteil von fast 60 % die meistverkauften Lkw Deutschlands. Doch ewig konnte das nicht so weitergehen: Der Trend ging zu höheren Lasten und zu kräftigeren, kultivierteren Motoren. Daimler-Benz reagierte darauf mit der Einführung zunächst einer weiteren Lkw-Familie aus dem Mannheimer Baukasten, in deren Auslegung sich zum Teil auch die dramatisch verschärften zulassungstechnischen Rahmenbedingungen in der Bundesrepublik widerspiegelten – und nicht zuletzt der zunehmende Konkurrenzkampf: Zwischen dem größten Mannheimer L 312 mit 4,5 Tonnen Nutzlast und dem leichtesten Gaggenauer L 325 mit 6 Tonnen Nutzlast klaffte eine große Lücke. Der Unternehmer, der einen dazwischen angesiedelten Lkw suchte, musste notgedrungen zum Wettbewerb abwandern.

L 321: Der beste Mannheimer war der erfolgloseste

Im September 1957 debütierte der schwerste Lkw aus Mannheimer Produktion. Dieser Typ mit 5,5 Tonnen Nutzlast hieß L 321. Er kam in fünfzehn Ausführungen auf den Markt, zunächst als Fahrgestell, dann auch mit komplettem Fahrerhaus. Das war ursprünglich nicht so geplant gewesen – und überhaupt gestaltete sich die Vorgeschichte sehr kompliziert: Der L 321 sollte eigentlich nur ein L 312 mit kräftigerem Motor sowie einer für die Gaggenauer Modelle entwickelten 10-Tonnen-Hinterachse werden und lief ursprünglich unter der Entwicklungsnummer 327. Nachdem aber die neuen restriktiven Gesetzesregelungen (die später thematisiert werden) nur einen maximalen hinteren Achsdruck von 8 Tonnen zuließen, wurde beschlossen, rund um die neu entwickelte schwere Hinterachse einen ganz neuen Lkw-Typ zu konstruieren. Dieser sollte auf eine höhere Gewichtsklasse abzielen und erhielt letztlich ein komplett neues Kurzhauber-Fahrerhaus. Es blieb aber bei der Konstruktionsnummer L 327.

Für den ursprünglich geplanten Typ wurde dagegen eine eigentlich bereits in der Versenkung verschwundene leichtere Hinterachskonstruktion – die sogenannte »Hypoidachse« – wieder ausgegraben. Der ehemalige Typ 327 mit dieser Hinterachse erhielt nun die Baumusterbezeichnung L 321. Vor diesem Hintergrund fiel in der Vorstandssitzung am 17. September 1956 auch die Entscheidung, den L 312 nicht, wie ursprünglich geplant, auslaufen zu lassen, sondern weiterzubauen und

5,5 oder 6 Tonnen Nutzlast? Innerhalb des Vorstands war diese Frage umstritten. Man greife damit, so die Befürchtung, »das Gaggenauer Programm entscheidend an«.

Ursprünglich sollte der L 321 den L 312 ersetzen und lediglich mit einem neuen Motor sowie einer neuen 8-Tonnen-Hinterachse ausgestattet werden. Dann kamen neue gesetzliche Bestimmungen, in deren Folge der Vorstand am 17. September 1956 beschloss, den L 312 weiterzubauen.

In Anbetracht einer künftigen möglichen Auflastung wurde die Vorderachse des L 321 verstärkt. Die galt beim L 312 als Schwachstelle. Besonders im Export gab es immer wieder Reklamationen, was an den schlechten Straßen, vor allem aber an der dort üblichen permanenten Überladung lag.

mit dem L 321 eine auf 5,5 Tonnen Nutzlast spezifizierte weitere Fahrzeugfamilie anzubieten. Hier war ein fein austariertes Spiel mit der Nutzlast gefragt, denn der neue L 321 sollte als zusätzliches Angebot in der Klasse von 5 bis 6 Tonnen keiner bestehenden Mercedes-Baureihe in die Quere kommen.

Gaggenauer Sorgen

Insbesondere die Werksleitung in Gaggenau hatte im Hinblick auf diesen Beschluss große Vorbehalte gehabt, denn innerhalb des Daimler-Benz Vorstands war auch erwogen worden, den L 321 als 6-Tonner anzubieten. Damit wäre die neue mittelschwere Baureihe aus Mannheim arg nahe an das bestehende Gaggenauer Fertigungsprogramm herangerückt, das bisher die Nutzlastklassen oberhalb des 6-Tonnen-Segments bediente. Man hatte hier schon genug Probleme, denn die schweren Gaggenauer Typen, wie der L 315 (6,8-7,2 Tonnen), der zunächst nur für den Export gebaute L 326 (10 Tonnen) und der L 325/329 (5,5-6,6 Tonnen), passten kaum in das neue Gewichtsschema und ließen sich wegen des ganzen politischen Gezerres hierzulande schlecht absetzen. Außerdem wiesen sie einen schlechten Nutzlastfaktor auf, und die spartanischen Fahrerhäuser waren auch kein Grund, einen Gaggenauer Fernlaster zu kaufen. Die Lkw-Bauer aus dem Nordschwarzwald befürchteten eine Kannibalisierung innerhalb des Mercedes-Benz Lkw-Angebots, zumal kein neues Fahrzeugprogramm für ihren Standort in Sicht war.

Nicht nur deswegen rauchten im Vorstandsgremium die Köpfe, denn die Lkw-Absatzzahlen befanden sich allgemein im Sinkflug. Ein Vorschlag, um den erodierenden Verkäufen entgegenzuwirken, bestand darin, eine weitere neue Modellreihe zu entwickeln und die Preise zu senken, um den Absatz anzukurbeln. Doch das stieß im Vorstand auf wenig Gegenliebe, ebenso wenig die Idee, den L 321 in Gaggenau zu bauen, um dort die Bänder auszulasten: Ein 6-Tonner gehöre noch zur Mittelklasse, sei also ein Fall für das Werk Mannheim. Überhaupt sah der Vorstand die Wettbewerbssituation viel positiver als die Werksleitung in Gaggenau, denn der neue mittelschwere Lastwagen sollte rund 10.000 Mark günstiger angeboten werden als der MAN mit 6,8 Tonnen Nutzlast. Man wollte die Konkurrenz, die außerdem einen sehr modernen 4,5 Tonner im Programm hatte, mit dem preisgünstigen L 321 gewissermaßen in die Zange nehmen.

Dennoch blieb die Frage, wie die Gaggenauer Kapazitäten am besten zu nutzen seien. Eine Idee war, das Werk verstärkt in den Bau interessanter Exportmodelle, wie dem schweren 329er-Sattelschlepper, einzubinden. Außerdem sollte der neue OM 326-Motor mit 10,8 Litern Hubraum und 200 PS für neuen Rückenwind sorgen. Zusätzlich sollte Gaggenau stärker in die Motorenfertigung involviert werden. Vor Ort war man aber noch immer nicht überzeugt und setzte sich letztlich durch: Am Ende entschied der Daimler-Benz Vorstand gegen die 6-Tonner-Lösung und legte fest, dass der L 321 mit Standard-Pritsche und mittlerem Radstand (4200 mm) im Juli 1957 als 5,5-Tonner vorgestellt werden sollte. Seine Publikumspremiere fand schließlich auf der IAA im September 1957 statt. Die Einstandspreise starteten bei 21.150 Mark für den Pritschenwagen mit kurzem Radstand (3600 mm), der lange mit 4830 mm kam auf 22.100 Mark. Es gab den Grundtyp von Anfang an in siebzehn Ausführungen, darunter auch fünf Frontlenker, die für den Fernverkehr bestimmt waren.

Mercedes-Benz LAK 321 Dreiseitenkipper. (Foto: Ralf Weinreich)

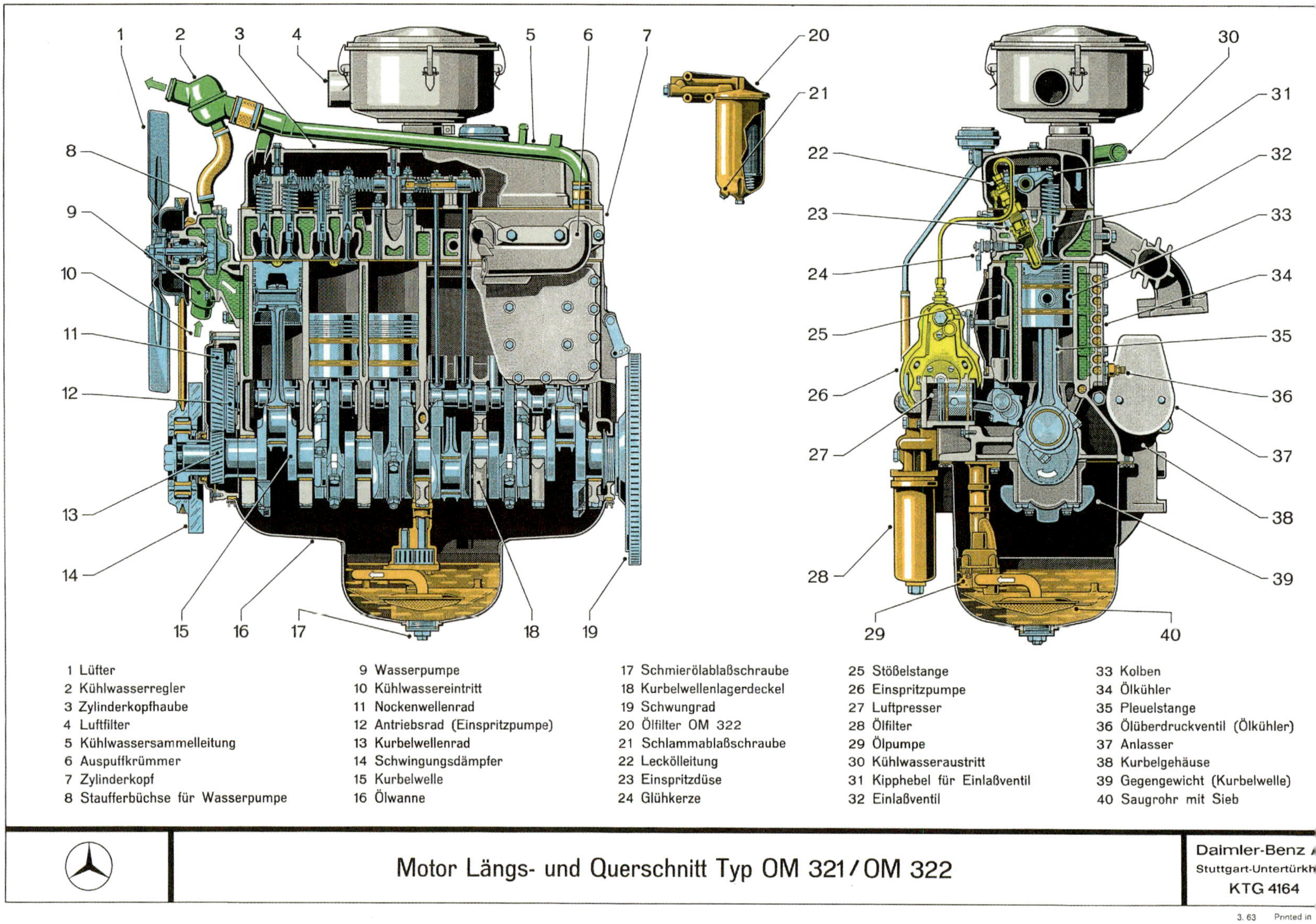

Die ersten OM 321-Motoren im Dauerversuch wiesen einen hohen Ölverbrauch und viele Kurbelwellenschäden auf. Ab November 1956 erfolgten Änderungen, die der Standfestigkeit zugutekamen.

Durch das inzwischen erfolgte Serienende des leichtesten der schweren Gaggenauer Lkw, des L 325, sah man vor Ort den Interessenkonflikt mit Blick auf den L 321 als gelöst an. In der Folge erhielt das Werk Gaggenau den Bau bestimmter Varianten der Lkw-Folgegeneration (»Kurzhauber«) zugewiesen, obwohl diese hinsichtlich Technik und Optik eigentlich Mannheimer Typen darstellten.

Ein konkurrenzfähiger Wagen

Als zugkräftigstes Verkaufsargument für den neuen Mannheimer entpuppte sich – neben den günstigen Preisen und der erhöhten Nutzlast – das verbesserte Fahrerhaus. Die immer lauter gewordene Kritik in puncto Fahrerhäuser war bei den Daimler-Benz Entwicklern offenbar auf fruchtbaren Boden gefallen. Die Langhauber-Kabine des L 321 präsentierte sich im Inneren umfassend überarbeitet und dank reichlicher Verwendung von Dämmung spürbar ruhiger. Endlich gab es eine wirksame Be- und Entlüftung sowie anständige Sitze. Die unselige Dreier-Sitzbank gehörte der Vergangenheit an, denn nun durfte auch ein Mercedes-Lkw-Fahrer auf einem vertikal und horizontal einstellbaren Einzelsitz Platz nehmen. Und der Blinkerschalter, zuvor am Armaturenbrett angeordnet, war nun per Lenkradhebel zu betätigen. Die Ingenieure hatten aus dem betagten Entwurf das Mögliche herausgeholt. Technik-Chef Nallinger selbst bezeichnete die neue Kabine als das »zur Zeit beste Fahrerhaus, das wir haben.« Allerdings monierten selbst die nicht gerade als überkritisch bekannten Tester den Innengeräuschpegel. Ein wenig mehr Dämmmaterial hätte hier viel geholfen.

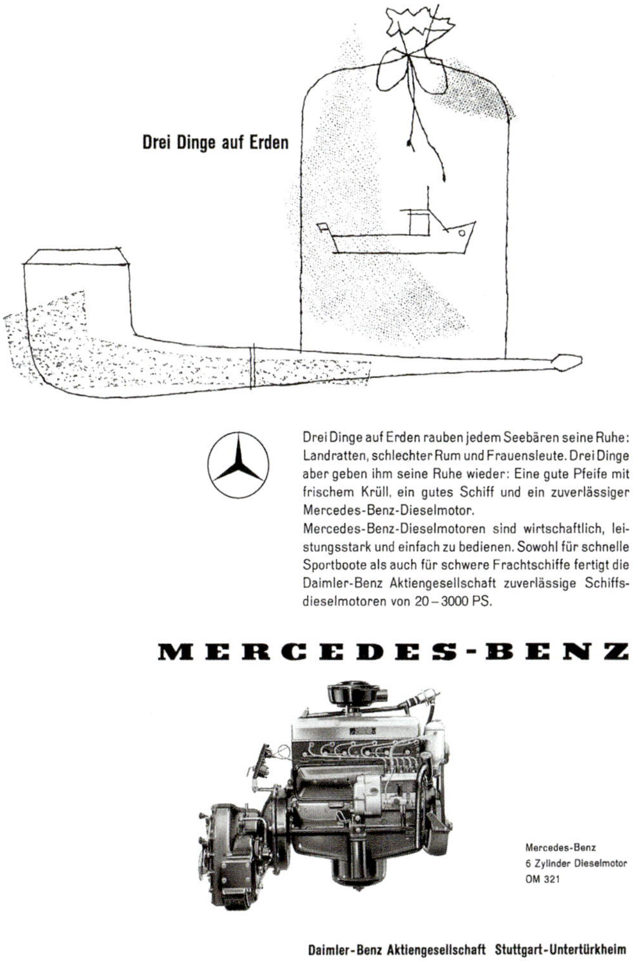

Zur insgesamt bequemeren Kabine kamen technische Änderungen. Die Auflastung erforderte eine stärkere Hinterachse. Die wesentlich laufruhigere Achse mit Hypoid-Verzahnung war mit 5,72 und nicht wie zuvor mit 6,83:1 übersetzt. Aufgezogen waren nun serienmäßig Pneus der Dimension 8.25-20 eHD verst. mit entsprechend veränderten Reifendrücken – wichtige Details, denn sie waren ausschlaggebend für die Erhöhung der Nutzlast. Außerdem war klar, dass sich auch Lenk- und Fahrwerksgeometrie geändert hatten: Der Wendekreis des 5,5-Tonners – Nutzlast laut offizieller Angabe exakt 5520 Kilogramm – zeigte sich um rund 60 Zentimeter auf rund 17,2 Meter (bei Radstand 4200 mm) reduziert. Weitere Verbesserungen waren die überarbeitete Druckluft-Bremsanlage und die Motorbremse (die eigentlich erst ab 9 Tonnen vorgeschrieben war).

Der OM 321: mehr Kraft und Laufkultur

Deutliche Fortschritte gab es auch auf dem Motorensektor: Der 4,6-Liter-Vorkammer-Diesel ging in Rente, und der L 321 erhielt stattdessen den neuen, 110 PS leisten-

Der OM 312 war zuerst im Heckmotor-Omnibus O 321 H von 1954 zu finden. Der wurde zum erfolgreichsten Reisebus der 1950er-Jahre.

Man habe »MAN marktmäßig hochkommen lassen«, gab Daimler-Benz Technik-Vorstand Fritz Nallinger zu Protokoll. Daher wurde besonders sorgfältig kalkuliert, denn der L 321 kostete in der Produktion zwischen 500 und 850 Mark mehr als der 312er.

den 5,1-Liter-Sechszylinder-Diesel OM 321, der künftig als Standardmotor für die mittlere Lkw-Klasse bei Mercedes-Benz fungierte. Ursprünglich war man davon ausgegangen, dass eine Leistung von 100 PS genügte, doch die neuen gesetzlichen Bestimmungen sahen ein Verhältnis von 1 zu 1 zwischen Motorwagen- und Anhängergewicht vor. Da der L 321 als Solowagen auf 8,5 Tonnen Gesamtgewicht ausgelegt war, musste er demnach im Hängerbetrieb ein Gesamtzuggewicht von 17 Tonnen bewältigen. Da erschienen 100 PS etwas knapp, weshalb der OM 321 in der Folge auf 110 PS gebracht wurde.

Technisch basierte dieses Aggregat, das seine Premiere bereits 1954 im Omnibus O 321 H erlebt hatte, auf dem Vorgängertriebwerk OM 312. Dank einer Vergrößerung des Bohrungsmaßes von 90 auf 95 mm nahm das Hubvolumen unter Beibehaltung von 120 mm Hub von 4580 auf genau 5100 cm³ zu. Wesentliche Verbesserungen zeigte der Motor vor allem im Bereich der Gemischaufbereitung. Das betraf weder die Reiheneinspritzpumpe von Bosch noch die Einspritzdüsen oder den Einspritzdruck von 135 atü, sondern in erster Linie die Vorkammer-Technologie: Es gab jetzt einen »Sechsloch-« und nicht mehr nur einen »Einloch-Brenner«. Damit ließ sich das Gemisch besser verteilen, was die Verbrennungsabläufe optimierte und die Qualmentwicklung verminderte – sofern die Wartungsvorschriften eingehalten wurden.

Die Ventilbetätigung erfolgte über Stößel, Stoßstangen und Kipphebel, der Nockenwellentrieb über Zahnräder. Die Kurbelwelle war siebenfach gelagert, der Zylinderkopf einteilig. Es gab jeweils vier Kolbenringe und zwei Ölabstreifringe, der oberste Ring war verchromt. Der Schwingungsdämpfer war direkt mit der Kurbelwelle verschraubt. Ölbad-Luftfilter und Hauptstrom-Ölfilter sowie ein thermostatisch geregelter Kühlkreislauf mit zwei Ablasshähnen waren bekannte Komponenten, die konservativ und auf Dauerhaltbarkeit ausgelegt waren. Der Motor

Für einen 321 mit 6 Tonnen Nutzlast reichte die Motorleistung kaum aus. Auch das sprach für eine Beschränkung auf 5,5 Tonnen. →

L 321 – ein neuer 5,5-Tonner

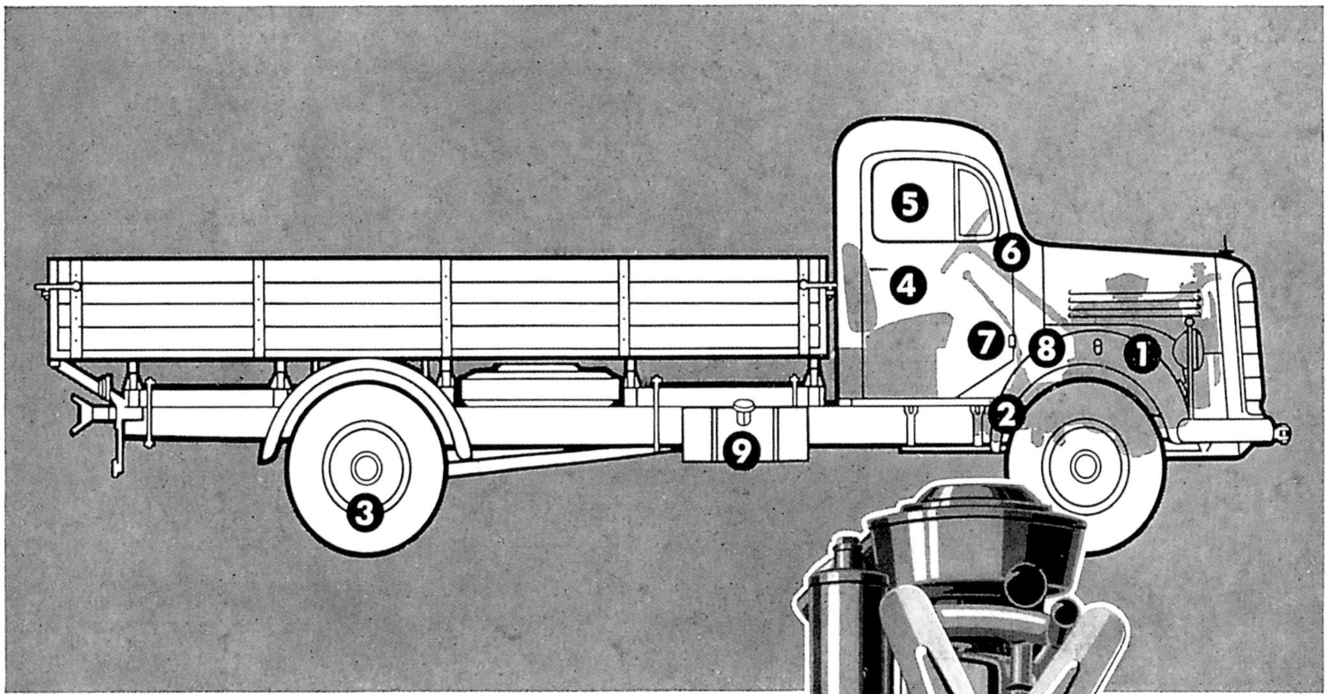

mit neuen Vorzügen

Der L 321 ergänzt das LKW-Programm der Daimler-Benz A.G. um einen starken Wagen der 5,5 to-Klasse. Mit vielen wesentlichen Neuerungen in Konstruktion und Ausstattung bietet er alle Voraussetzungen für leichte Bedienung, sichere Fahrt und wirtschaftlichen Transport.

1. 110-PS-Dieselmotor OM 321 mit Vorkammer-Gleichstrom-Brennverfahren.
2. Vollsynchronisiertes Fünfganggetriebe.
3. Starke Hinterachse mit Hypoidverzahnung.
4. Fahrereinzelsitz horizontal und vertikal verstellbar.
5. Gegen Wärme und Geräusche gut isoliertes Fahrerhaus mit zwei großen Rückwandfenstern, seitlichen Ausstellfenstern, Türtaschen, Aschenbecher, Sonnenblende und Kleiderhaken.
6. Warmwasserheizung und Belüftung mit Gebläse.
7. Feinfühlige Einkammer-Druckluftbremse mit hydraulischer Übertragung – wartungsfreier Luftpresser.
8. Motorbremse serienmäßig eingebaut.
9. 100-Liter-Kraftstoff-Außentank.

Lieferbar als Pritschenwagen mit verschiedenen Radständen, Sattelzugmaschine, Kipper, Frontlenkerfahrgestell, mit und ohne Allradantrieb.

MERCEDES-BENZ

Ihr guter Stern auf allen Straßen

Hier sind sehr schön die kleinen Lüftungsschlitze unterhalb der Frontscheibe zu sehen, die den L 321 von den anderen Mannheimer Langhaubern unterschieden. Nallinger urteilte: »Das beste Fahrerhaus, das wir haben.« (Foto: Spanish coches, cc-by-sa 2.0)

galt dennoch als »Schnellläufer«, denn die Nennleistung von 110 PS lag bei 3000 Umdrehungen an – ein seinerzeit relativ hohes Drehzahlniveau für ein nicht ganz kleines Selbstzünder-Triebwerk. Darüber hinaus war der OM 321 mit einem Gewicht von 385 Kilogramm lediglich um 3 Kilo schwerer geworden als der OM 312.

Auf Wunsch und gegen Aufpreis gab es übrigens auch eine 126-PS-Ausführung namens OM 321 A, die über eine »milde Aufladung« per Abgasturbolader verfügte. Dieser Motor wurde zunächst für die Feuerwehr-Ausführungen angeboten, die bekanntlich aus Einsatzgründen mehr Leistung benötigten.

Durch den Motorwechsel waren keinerlei Änderungen am Fahrgestell notwendig, denn Kühlung, Batterie und Anschlüsse entsprachen denen des OM 312, daher kam der stärkere Motor, bedingt durch 6-Loch-Brenner, größere Kolben und andere Lager in der Produktion kaum teurer. Dennoch sollten diese Mehrkosten durch Einsparungen im Werk Mannheim wieder wettgemacht werden, was nicht unrealistisch erschien: Schließlich war es in den Vorjahren schon durch Änderungen an Luftpresser und Schwingungsdämpfer gelungen, pro OM-312-Motor knapp 40 Mark einzusparen.

Das zulässige Lastzug-Gesamtgewicht betrug 18,3 Tonnen, der Anhänger durfte also so schwer sein wie der Zugwagen.

Den L 321 gab es 1958 in verschiedensten Ausführungen: Hauber und Frontlenker, Pritsche mit drei Radständen, Kipper, Allrad und Sattelschlepper. Am populärsten war er mit mittellangem Radstand.

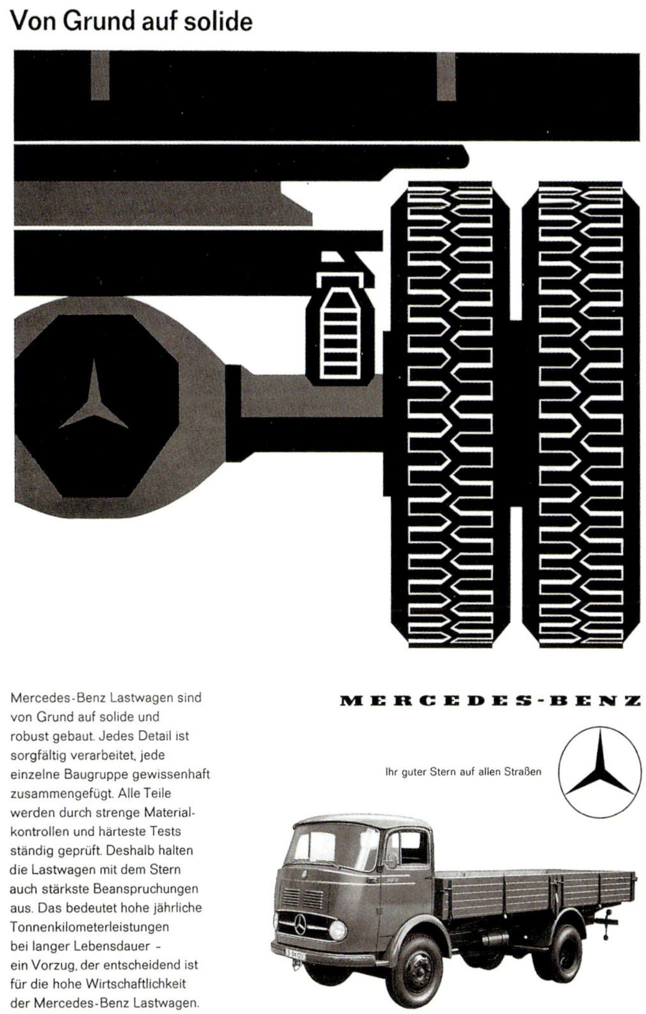

Die Hinterachse hatte jetzt anders verzahnte Kegelräder. Dieser Hypoidantrieb versprach mehr Laufruhe. Die verbesserte Hinterachse floss ab März 1957 auch beim L 312 in die Serie ein.

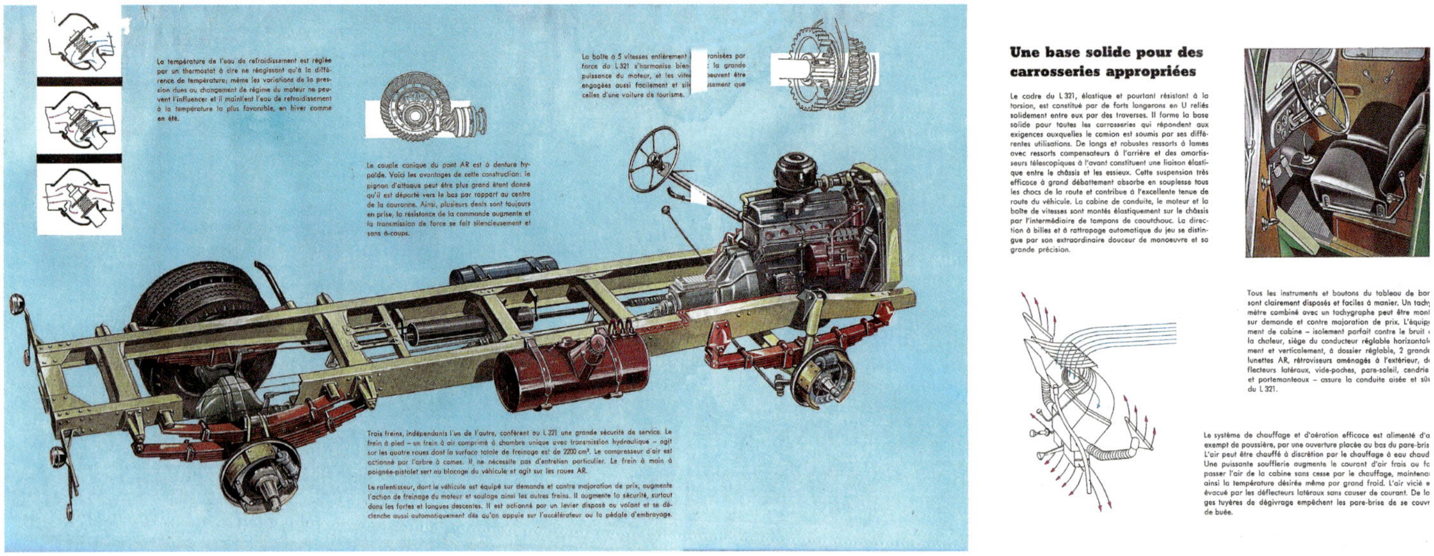

Die Hauber-Kabine war dank vermehrter Verwendung von Dämmung spürbar ruhiger geworden. Außerdem fand sich hier eine Heizungs- und Belüftungsanlage mit ein paar Lüftungsschlitzen unterhalb der Windschutzscheibe.

Insgesamt benahm sich der OM 321 erfreulich manierlich: Er war, erstens, sparsamer – um rund 9 % Prozent in internen Fahrversuchen, abhängig von Fahrweise, Streckenprofil und Beladung – und lief, zweitens, deutlich kultivierter als der Vorgänger.

Vielstoffmotoren für die Bundeswehr

Der OM 321 bildete auch die Grundlage für einen Vielstoffmotor, also eines Antriebsaggregats, das mit nahezu allen Treibstoffen betrieben werden konnte, mit Normal- und Superbenzin, Kerosin, Petroleum, Motoröl und dergleichen. Der Kaltstart war bei Temperaturen bis –20 °C möglich, und bei einer Kühlwasser-Vorwärmung auch noch bis zu –40 °C. Lief der Motor, konnte gleich voll belastet werden – »praktisch sofort rauchfrei«, wie die Pressemappe betonte. Die Leistungsverluste aufgrund minderwertiger Kraftstoffe – mit 10 bis 20 % Einbuße musste man rechnen – ließen sich durch die Verstellung der Einspritzpumpe regulieren. Seinen Vielstoffmotoren (kenntlich am nachgestellten »V«) gab Mercedes-Benz ein Faltblatt zur Bedienungsanleitung mit, das die verschiedenen Einstellungen gemäß der zur Verfügung stehenden Kraftstoffsorten erklärte.

Entscheidend für die Vielstofftauglichkeit war weniger das Verbrennungsverfahren, sondern vielmehr die Einspritztechnik. Diesel und Benzin weisen verschiedene Verdampfungstemperaturen auf, daher konnte zum Beispiel Benzin ins Motoröl gelangen. Um das zu verhindern, muss die Einspritzpumpe entsprechend umgestellt und die Schmierung garantiert werden. Beim OM 321 verfügte die Einspritzpumpe, wie bei Daimler-Benz üblich, über eine eigene Schmierung mit Öleinfüllstutzen. Die Vielstoff-Ausführung unterschied sich in drei wesentlichen Punkten von der normalen Reiheneinspritzpumpe. Zum einen hatte sie eine Leckölsperre, damit der Kraftstoff (Benzin) nicht ins Pumpengehäuse bzw. ins Schmieröl gelangen konnte. Außerdem gab es neben dem sogenannten »Reduzieranschlag für maximale Einspritzmenge (RQ-Regler)« ein zusätzliches Rück-

Ein weiteres Erkennungsmerkmal war das Fahrerhaus mit zwei Rückfenstern, schön zu sehen bei diesem LS 321.

Ein Teil der Verbesserungen am L 321-Fahrerhaus wurde für den leichteren L 312 übernommen, etwa die beiden Heckscheiben und die Position der Scheibenwischer.

Ein neuer Lastwagen der Mittelklasse mit neuen Vorzügen

Mit vielen wesentlichen Neuerungen in Konstruktion und Ausstattung bietet der neue

MERCEDES-BENZ L 321

alle Voraussetzungen für leichte Bedienung, sichere Fahrt und wirtschaftlichen Transport. 110 PS, Sechszylinder-Dieselmotor, vollsynchronisiertes Fünfganggetriebe, verstärkte Hinterachse mit Hypoidverzahnung, Öldrückbremse mit Einkammer-Druckluftbremshelf, Motorbremse und gut ausgestattetes Fahrerhaus.

Lieferbar als

Pritschenwagen
mit verschiedenen Radständen
Sattelzugmaschine
Dreiseiten-Kipper
Frontlenkerfahrgestell

Der L 321 brachte es nur auf eine kurze Bauzeit, denn schon im Frühjahr 1959 wurde der Kurzhauber-Typ L 322 vorgestellt.

laufventil. Damit verkraftete der Motor so ziemlich jeden Sprit, sofern dessen brennbarer Anteil die 40-%-Marke überstieg. Vielstoff-Varianten entstanden von OM 321, OM 315 und OM 326, wobei der OM 315 V mit Abstand am weitesten verbreitet war.

Allerdings hatte das Unternehmen nie die Absicht, diese Motoren seinen Kunden anzubieten: Sie wurden auf Anforderung des Bundesverteidigungsministeriums entwickelt, das für die neu geschaffene Bundeswehr Fahrzeuge mit solchen Motoren forderte und mit Großaufträgen lockte. Allerdings kamen die Schwaben dabei in der anvisierten Klasse nicht zum Zuge, stattdessen wurde zum Beispiel der OM 321 V in der Regel bei Fahrzeugen von Feuerwehr und Katastrophenschutz eingesetzt. Gemäß den ersten Planungen von 1955 wollte die Bundeswehr insgesamt rund 185.000 Fahrzeuge in allen Nutzlastklassen beschaffen, zu mehr als rund 125.000 Fahrzeugen reichte es am Ende aber nicht.

Ungeplante Überschneidung

Nach Meinung der Fachpresse war der L 321 der beste mittelschwere Lastwagen der späten 1950er-Jahre. Allerdings handelte es sich bei ihm um ein Übergangsmodell, denn die Kurzhauber hätten eigentlich schon auf der IAA 1957 gezeigt werden sollen. Nun sollten die Langhauber noch so lange weitergebaut werden, bis der verbliebene Teilebestand aufgebraucht war, was, wie man hoffte, Mitte 1959 der Fall sein würde. Allerdings wurde dieser Vorstandsbeschluss wieder gekippt, denn mit Anlaufen der Kurzhauber-Fertigung im Frühjahr 1959 stiegen die Auftragseingänge für den L 321 zum allseitigen Erstaunen plötzlich auf rund 300 Stück im Monat an. Der Typ lief daher als günstiges Einstiegsmodell noch so lange weiter, bis eine Produktion nicht mehr lohnte. Das war 1961 der Fall, und damit endete hierzulande die Ära der Mannheimer Langhauber. Ab der IAA 1963 begann dann nach und nach die Einführung komplett neu entwickelter Frontlenker-Lastwagen.

Erstmals ein Mannheimer Frontlenker ab Werk

Mercedes-Benz bot bis 1955 keine Frontlenker-Fahrerhäuser ab Werk an, erhältlich waren Frontlenker-Fahrgestelle aber bereits seit Juli 1954 für die Mannheimer Typen L 3500/L 311 und L 4500/L 312 sowie den schweren Gaggenauer L 6600/L 315. Die Verwandlung von Hauber-Fahrgestellen in solche für Frontlenker erforderte eine andere Anordnung von Fahrersitz, Lenksäule und Pedalerie sowie ein modifiziertes Schaltgestänge. Diese Fahrgestelle wurden dann an Fremdhersteller abgegeben, wie etwa Wackenhut, Schenk, Kässbohrer oder Kögel, die eigene Kabinen daraufsetzten. Mit dem L 321 wurde aber zum ersten Mal ein Mannheimer Hauber von Anfang auch ab Werk zum Aufbau als Frontlenker vorgesehen.

Diese Version hieß, gemäß der damals gültigen Nomenklatur, »LP« – Lastwagen, Pullman – 321. Das Modell war, wie sein Nachfolger LP 322, eigentlich ein Zwischentyp, zumal eine für Frontlenker besser geeignete, weil flacher bauende zweite Motorenfamilie neben der Baureihe OM 300 noch nicht zur Verfügung stand. Das bedeutete: Auch wenn der OM 312 im Frontlenker-Fahrgestell tiefer eingebaut worden war, ragte er noch immer rund 60 cm hoch aus dem Fahrerhausboden, so dass der LP 321 nicht als vollwertiger Dreisitzer gewertet werden konnte. Für mehr als einen Kurzstrecken-Notsitz blieb da nicht Platz, wiewohl ein Tester darin nach eigenem Bekunden »noch nicht einmal schlecht« saß. Viel besser war es, die Fläche als Ablage zu nutzen. Die vorne angeschlagene und durch zwei Scharniere nach

Brauereien und andere Unternehmen, die vor allem im Nahverkehr unterwegs waren, entschieden sich immer häufiger für Frontlenker, denn bei diesen war die Ladefläche größer und die Übersichtlichkeit besser.

Der LP 321 erschien 1958. Das Frontlenker-Fahrerhaus wurde noch bis 1965 weitergebaut, auch der Nachfolgetyp LP 322 erhielt diese Kabine.

oben klappende Motorabdeckung war relativ sorgsam und aufwändig gedämmt und abgedichtet, denn die typischen Probleme aller so aufgebauten Frontlenker hießen Motorlärm, -hitze und -ausdünstungen. Die Daimler-Konstrukteure schienen diesbezüglich einen anständigen Job gemacht zu haben, denn die Tester bescheinigten der Abdeckung, dass sie für eine »überraschende« Laufruhe sorge. Allerdings machten sie eine Einschränkung: »Schwierig ist ... eine wirkungsvolle Abdichtung für einen langen Zeitraum.«

Nicht ganz einfach war bei solchen Frontlenker-Konstruktionen auch die Wartung. Schon als der LP 321 auf den Markt kam, herrschte innerhalb des Vorstands Klarheit darüber, dass eine Kippkabine – Nallinger hatte eine solche bei einer Besichtigung in einem US-Werk von Ford gesehen – ohnehin die beste Lösung dargestellt hätte. Allerdings waren auch im günstigsten Fall, so hieß es bei einer Vorstandssitzung, für eine solche kippbare Kabinenausführung zwei bis drei Jahre Entwicklungszeit zu veranschlagen gewesen, ganz zu schweigen von den Kosten. So lange konnte und wollte man bei Daimler-Benz angesichts des nicht mehr taufrischen Lastwagen-Programms nicht warten.

Daher blieb es beim bestehenden zweigleisigen Fahrplan für die zweite Hälfte des Wirtschaftswunder-Jahrzehnts: Zum einen mussten die bisherigen Langhauber schnellstmöglich durch die »Seebohm-gerechten«, clever konzipierten Kurzhauber ersetzt werden – nicht zuletzt, um auch international wettbewerbsfähig zu sein –, zum anderen musste diese neue Fahrzeuggeneration von Beginn an als Alternative auch mit einer – starren – Frontlenker-Kabine angeboten werden können. Solange das nicht der Fall war, mussten die Langhauber-Chassis umgearbeitet werden. Die kurzen Frontlenker-Kabinen wollte Daimler-Benz künftig im eigenen Haus herstellen und nicht mehr bei Fremdzulieferern in Auftrag geben. Entsprechende Planungen begannen 1956 zusammen mit Wackenhut.

Die neuen Mercedes-Benz Frontlenker-Typen sollten dann idealerweise mit dem Start des normalen L 321 – dessen Pressevorstellung war Ende Juli, die Publikumspremiere zwei Monate später bei der IAA – im Spätsommer 1957 verfügbar sein. Allerdings standen zum anvisierten Zeitpunkt die Fertigungskapazitäten noch nicht voll zur Verfügung: In den ersten Annoncen wurde der 5,5-Tonner nur als Frontlenker-Fahrgestell verkauft, während die Tester bereits Komplettfahrzeuge zur Verfügung gestellt bekamen. Die Produktion der Daimler-Benz-eigenen Kabinen für den LP 321 sollte erst Ende 1957 beginnen.

Auch die alten Mannheimer-Typen L 311/312 sollten ursprünglich die LP-Kabine vom Werk erhalten. Nachdem aber klar war, dass das bei den leichteren Modellen nicht ohne größere Änderungen zu bewerkstelligen war (zum Beispiel hätte aus Platzgründen ein anderes Getriebe verwendet werden müssen), wurde der Beschluss zumindest für die älteren 3,5- und 4,5-Tonner wieder kassiert und weiterhin nur entsprechende Fahrgestelle angeboten.

Bis zum Start der nachfolgenden Kurzhauber-Fertigung wurden stetig weitere Kapazitäten aufgebaut, so dass ab April 1959, das heißt mit Auslieferungsbeginn des L 322, auch eine entsprechende Frontlenker-Variante LP lieferbar war. Mit einer überbordenden Nachfrage nach Frontlenkern rechnete man aber ohnehin nicht. Nach ersten Schätzungen würde sich der Anteil an Frontlenkern innerhalb der neuen Kurzhauber-Baureihe auf höchstens 15 bis 20 % belaufen, bei den Langhaubern hatte sie sehr deutlich unter 10 % gelegen.

Nachfolger: Der LP 322 sieht dem 321er zum Verwechseln ähnlich. (Foto: Ralf Weinreich)

Kapitel 5
Die Gaggenauer Langhauber

Markgraf Ludwig Wilhelm von Baden (1655–1707), umtriebiger Feldherr in Kaisers Diensten, hatte kaum Zeit, die Regierungsgeschäfte in seinen Stammlanden zu erledigen und überließ daher Wohl und Wehe der Markgrafschaft Baden-Baden seinen Räten. Und letztlich waren die es, die am Fuße des Schwarzwalds 1680 die Errichtung eines Eisenwerks – einer Nagelschmiede in Mittelbach und eine Hammerschmiede in Gaggenau – genehmigten. 200 Jahre später war daraus eine Eisengießerei geworden, die – wiederum einige Jahrzehnte und Verkäufe später – 1926 von der fusionierten Daimler-Benz AG zum zentralen Lkw-Werk bestimmt wurde. Und genau dort war am 10. September 1923 der erste Benz'sche Diesel-Lkw zu seiner ersten Versuchsfahrt aufgebrochen.

Foto: Ralf Weinreich

Anfang der 1930er-Jahre umfasste das Gaggenauer Lieferprogramm elf Lkw-Grundtypen und Varianten in unterschiedlichen Radständen. Angeboten wurden seinerzeit auch Sonderausführungen, wie Kipper, Möbel-, Kühl und Krankenwagen, Sonderfahrzeuge für die Polizei, Müllabfuhr und Straßenreinigung sowie Feuerwehrfahrzeuge und Busfahrgestelle, die dann nach Sindelfingen geliefert wurden.

Nach 1933 wurde, um der steigenden Nachfrage zu begegnen, die Nutzfahrzeugherstellung aufgesplittet: Kleinere Lkw bis 3 Tonnen Nutzlast wanderten nach Mannheim ab, ebenso ein Teil der Aufbaufertigung von Omnibussen. Während der Kriegsjahre zählten zum Produktionsumfang in Gaggenau vor allem Lastkraftwagen sowie die Reparatur von Militärfahrzeugen und Motoren: Der Standort wurde ein wichtiger Teil der Rüstungsinfrastruktur. Damit machte sich das Werk am Schwarzwaldrand zur Zielscheibe alliierter Bomber. 1944 wurde die Fertigungsstätte durch zwei Luftangriffe nahezu vollständig zerstört. Schlimmer als die in Trümmern liegenden Gebäude waren aber die Schäden an den zu Kriegszeiten kaum zu ersetzenden Produktionsanlagen: Rund 80 % des Maschinenparks konnten nicht mehr eingesetzt werden, so dass die Produktion fast vollständig zum Erliegen kam. Infolge der erheblichen Zerstörungen konnte die Fahrzeugfertigung in Gaggenau erst ein halbes Jahr nach dem Start in Mannheim – wo die meisten Maschinen nicht oder nur wenig beschädigt worden waren – wieder aufgenommen werden. Vor Ort hatte die französische Besatzungsmacht das Sagen, deren Hauptquartier im benachbarten Baden-Baden lag. Die Situation war hier besonders angespannt, und das Werk sowie die Konstruktionsabteilung für Lastkraftwagen arbeiteten zunächst ausschließlich auf Weisung der Franzosen. Anders

In den 1930er-Jahren baute Gaggenau alle schweren Lkw über 3 Tonnen. Kriegsbedingt fand der abgebildete neue L 4500 aber keine zivile Verwendung mehr.

Die Erprobung der Allrad-Fahrzeuge in Kriegs- und Friedenszeiten erfolgte auf dem Daimler-Benz-eigenen Versuchsgelände in Oetigheim, unweit vom Gaggenauer Werk. Der »Sauberg«, den sich hier ein L 4500 A hochquält, ist berüchtigt.

als in der US-amerikanischen und britischen Besatzungszone ging alles, was an Fahrzeugen entstand, ausschließlich an französische Dienststellen und Behörden, sofern sie nicht gleich im Rahmen von Reparationsleistungen nach Frankreich abtransportiert wurden. Außerdem mussten, wenn zwischen den einzelnen Besatzungszonen Güter transportiert werden, Zölle bezahlt und ganze Stapel an Formularen ausgefüllt werden.

Lange Hauben, lausige Zeiten: L 4500, L 5000 und L 5500

Nach allmählicher Lockerung des strengen militärischen Regimes richtete sich der Blick des Werks wieder auf die Bedienung des nach Nutzfahrzeugen geradezu lechzenden zivilen Markts. Schon bald kam es zu ersten Modifikationen am einzigen nach 1945 weiterhin produzierten Lkw-Typ L 4500. Die ersten Exemplare aus Gaggenauer Fertigung hatten das Einheits-Fahrerhaus noch aus Wehrmachtszeiten. In puncto Antrieb griff der L 4500 nach wie vor auf den seit 1935 produzierten Vorkammer-Dieselmotor OM 67/4 zurück, der aus seinen 7,3 Liter Hubraum 112 PS bei 2250/min schöpfte. Generell waren die Gaggenauer Motoren größer und schwerer als die in Mannheim gebauten, weshalb sich die Lastwagen aus dem Nordschwarzwald von den mittleren Baureihen aus Mannheim durch die längere Schnauze unterschieden. Mercedes-intern wie auch von der Fachpresse wurden sie als »Gaggenauer Typen« bezeichnet. In den anderen westlichen Besatzungszonen sah man sie so gut wie nie.

Mit der allmählichen Normalisierung der Verhältnisse und dem Zusammenschluss der drei westlichen Besatzungszonen besserten sich die Zeiten langsam, und nach 1949 folgte eine Erhöhung der Nutzlast auf

MERCEDES-BENZ
DIESEL
L 4500
der zuverlässige Helfer beim
WIEDERAUFBAU

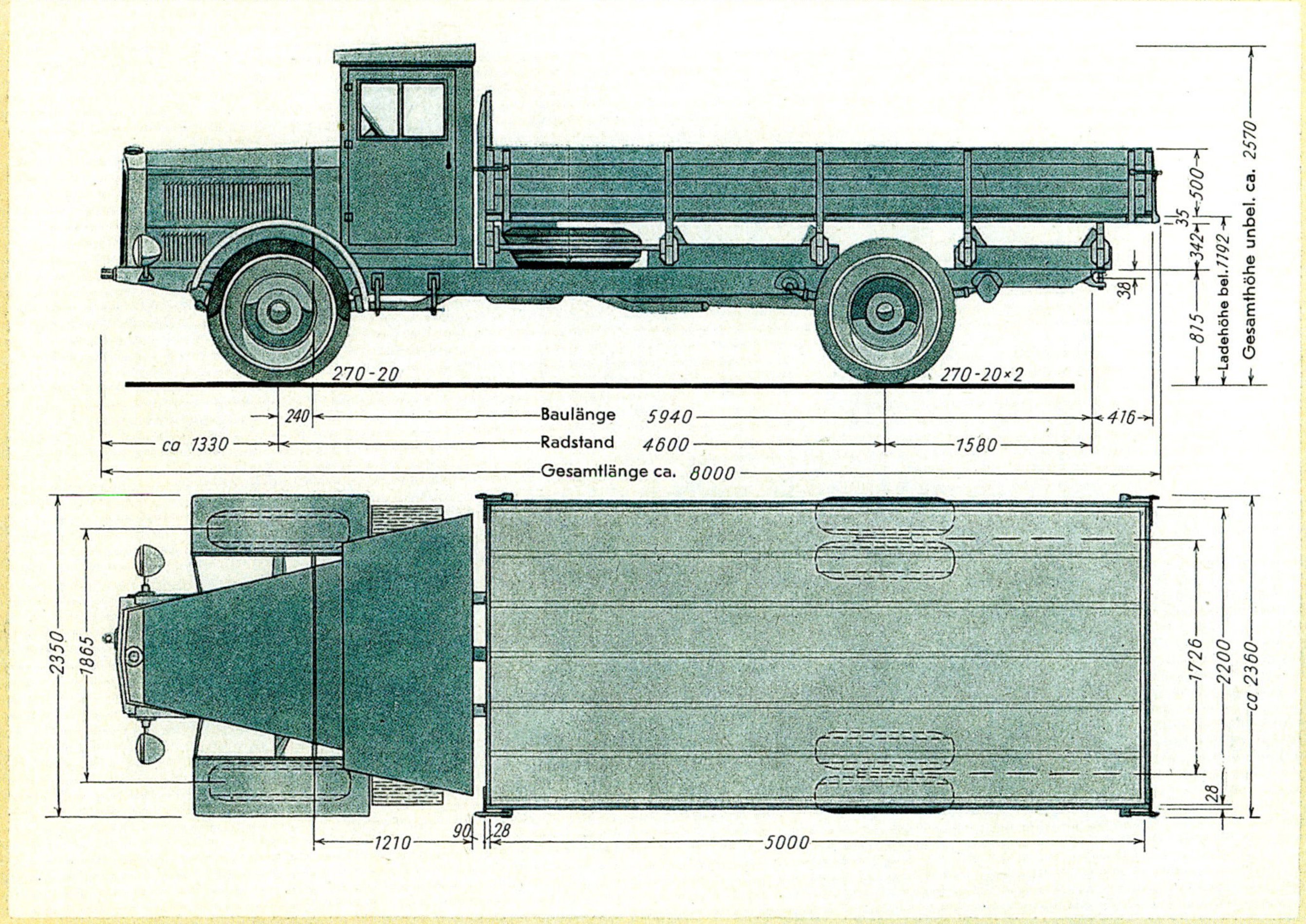

TECHNISCHE ANGABEN

Motor

Zahl der Zylinder	6
Bohrung	105 mm
Hub	140 mm
Hubraum	7274 ccm
Drehzahl (bei 66 km/h im 5. Gang)	2250/Minute
Dauerleistung	112 PS
Kraftstoffnormverbrauch*	ca. 25 l/100 km
Schmierölnormverbrauch*	ca. 0,6 l/100 km
Inhalt des Kühlsystems	ca. 40 Liter
Ölfüllung des Kurbelgehäuses	ca. 17 Liter

Fahrgestell

Radstand	4600 mm
Spurweite vorn	1865 mm
Spurweite hinten	1726 mm
Größte Länge (mit Aufbau)	8000 mm
Größte Breite (mit Aufbau)	2360 mm
Größte Höhe (mit Aufbau, ohne Plane) unbeladen	2570 mm
Bodenfreiheit	350 mm
Gewicht des Fahrgestells	4120 kg
Gewicht des betriebsfertigen Fahrzeugs mit Fahrer	5250 kg

Nutzlast	4870 kg
Bereifung (vorn einfach, hinten doppelt)	270 - 20
Spurkreisdurchmesser	18 m
Höchstgeschwindigkeit	66 km/h
Tankinhalt	ca. 140 Liter
Bergsteigefähigkeit im 1. Gang	ca. 28 %
» » 2. Gang	» 15 »
» » 3. Gang	» 7,5 »
» » 4. Gang	» 4 »
» » 5. Gang	» 2,5 »
Batteriekapazität	2×94 Ah

* Ermittelt bei 2/3 der Höchstgeschwindigkeit, unter Zuschlag von 10 %.

Änderungen in Konstruktion und Ausstattung vorbehalten.

DAIMLER-BENZ AKTIENGESELLSCHAFT
WERK GAGGENAU

Treibstoffmangel führte zur Umrüstung auf Holzvergaser. Daimler-Benz baute eigene Anlagen. Die Kiste hinter dem Fahrerhaus ist der »Holztank«.

5 Tonnen. So wurde aus dem L 4500 der L 5000, der als erster neuer Nachkriegs-Lkw aus Gaggenau gilt. Bei näherer Betrachtung handelte es sich bei dem ebenfalls auf der Export-Messe 1949 in Hannover vorgestellten Schwerlaster um einen aufgelasteten Kriegs-Lkw, der durch hintere Zusatzfedern sowie die Stahlblech-Kabine des Mannheimer Typs mit Kurbelfenstern und robustem Stoßfänger (als »Pufferschiene mit Begrenzungsstäben« beschrieb sie das Werk) aufgewertet worden war. Darüber hinaus gab es etwas mehr Platz auf der Pritsche, und erste Anzeichen von Komfort für den Fahrer kündeten vom Ende der kriegsbedingten Kargheit. Unter der Haube hatte sich dagegen nichts geändert, der OM 67/4 wies die bekannten Leistungsdaten auf: 120 PS in der Spitze, 112 PS als Dauerleistung bei konstant 66 km/h, Verbrauch von 25 Litern auf 100 Kilometer. Von 1945 bis 1950 entstanden etwa 3200 dieser Fahrzeuge. Die Bestimmungen des seit 1949 in Kraft getretenen Besatzungsstatuts ermöglichten dann auch wieder die Produktion von Lastwagen mit höherer Nutzlast. Entsprechend der steigenden Nachfrage wurde in der Folge das Typenprogramm weiter aufgefächert und ab 1950 um zusätzliche Radstände, Kipper- und Sattelschlepper-Fahrgestelle ergänzt.

Die Ablösung dieses Typs erfolgte 1953 durch den L 5500 – »in aller Stille«, wie die Pressemappe zugab. Denn der 5,5-Tonner sah aus wie sein Vorgänger, war aber mit dem seit Februar 1952 verbauten Motor OM 67/8 ausgerüstet. Diese letzte Ausbaustufe des betagten 120-PS-Triebwerks aus Vorkriegstagen lief dank eines modifizierten Zylinderkopfs, weiterentwickelter Vorkammer und eines überarbeiteten Ölkreislaufs etwas kultivierter und vor allem sparsamer: Der Kraftstoff-Normverbrauch sank von 19,4 auf 16,7 Liter auf 100 km, und durch die kleinere Ölwanne reduzierte sich auch die Menge an Motoröl – das sparte ein Quäntchen an Gewicht ein. Den Kühlkreislauf überwachte nun ein Thermostat, optional konnte eine Motorbremse eingebaut werden. Ab Werk angeboten wurde der neue Typ als Kipper und als Pritschenwagen, jeweils mit 4600 mm Radstand, und weil zu dem Zeitpunkt die Kipper-Fahrgestelle noch ohne den notwendigen Verstärkungsrahmen ausgeliefert wurden (den installierten die Aufbau-Hersteller), war das Fahrgestellgewicht von 4150 kg bei beiden Varianten gleich. Wohl aber gab's Unterschiede im Leergewicht, mit 5850 kg brachte der L 5500 K eine halbe Tonne mehr auf die Waage. Das zulässige Gesamtgewicht lag bei 11 beziehungsweise 11,3 Tonnen, im Anhängerbetrieb bei 27 (27,3) Tonnen.

Aufgrund ihres Nutzlastfaktors waren der L 5000 beziehungsweise der L 5500 im Fernverkehr nicht wirklich wirtschaftlich zu betreiben. Vergleichsweise häufig sah man sie hingegen mit Kommunalaufbauten, und da wiederum fanden die Fahrzeuge bei Müllabfuhr und Straßenreinigung die häufigste Verwendung. Straßenreinigung – das bedeutete in erster Linie den Aufbau als Sprengwagen zur Bindung von Straßenstaub. Der 5000-Liter-Wassertank war abnehmbar und saß auf einem Kipper-Fahrgestell, das gegenüber dem normalen Pritschenwagen stabiler ausgeführt war. Bei Kommunalfahrzeugen war ein Nebenabtrieb Pflicht, immerhin sollten Sprengbreiten von bis zu 25 m möglich sein. Vielfach war auch eine Feuerlösch-Saug- und Druckpumpe mit an Bord, um nicht nur am Hydranten, sondern auch aus Gewässern auftanken zu können.

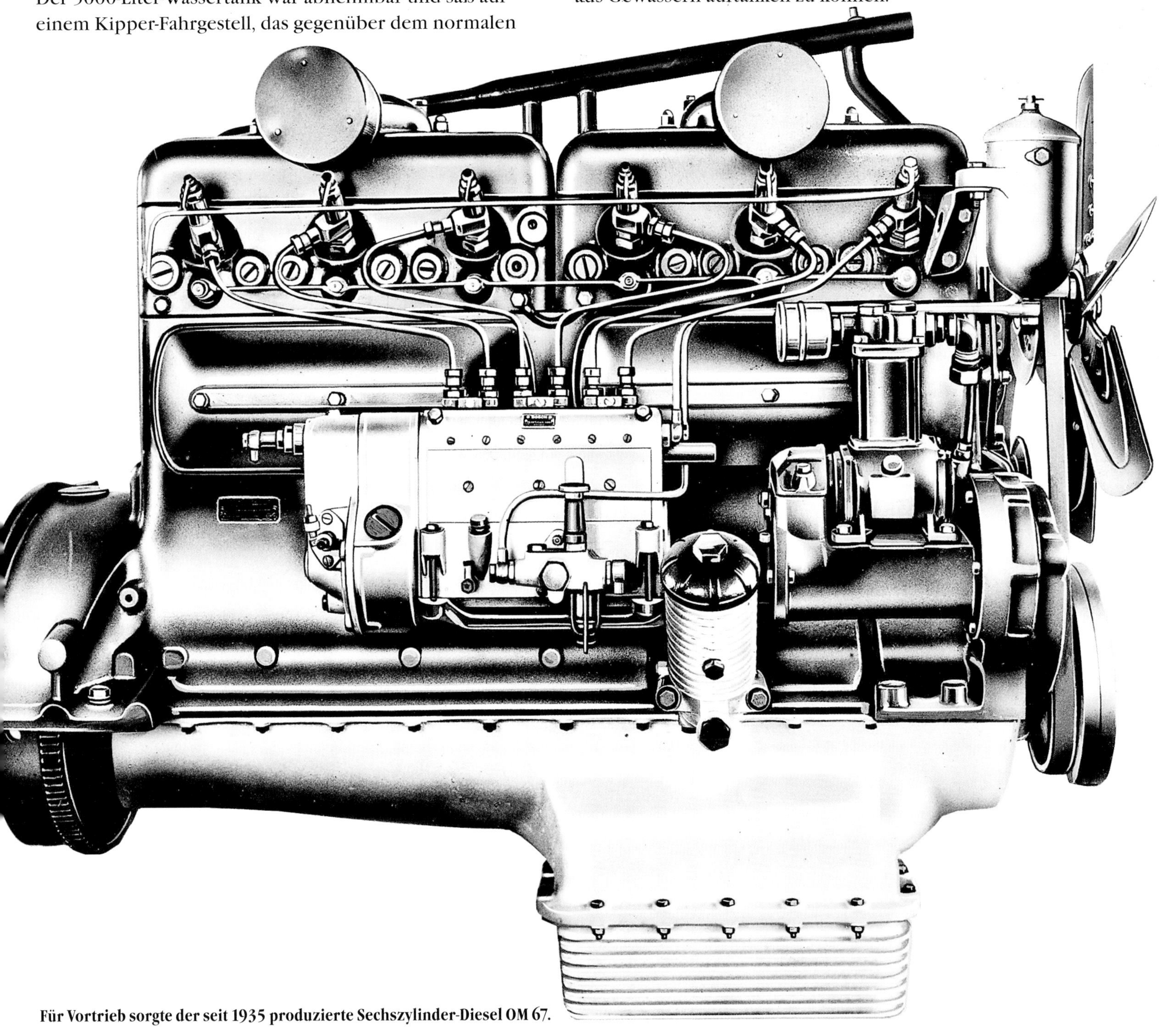

Für Vortrieb sorgte der seit 1935 produzierte Sechszylinder-Diesel OM 67.

23-5509

Ob Kraft entscheidet - oder Schnelligkeit

Wo besonders stabile Fahrzeuge
mit starken Motoren
verlangt werden,
wo in schwerem Gelände
harte Arbeit getan werden muß
– da triumphiert die
Mercedes-Benz-Qualität.

Schnelligkeit, Wendigkeit
und Zuverlässigkeit entscheiden
im Wettlauf mit Sekunden,
im Kampf gegen das Unglück.
Darum sind Mercedes-Benz
Feuerwehrfahrzeuge so erfolgreich,
wenn es um die Rettung
von Leben und Eigentum geht.

IHR GUTER STERN
AUF ALLEN STRASSEN

MERCEDES-BENZ

Gaggenauer Hauber sind immer ein Blickfang, aber eine Geschichte wie dieser L 4500 aus Kriegstagen hat sonst kaum einer zu erzählen: Nach Kriegsende lief er im Osten Deutschlands, zunächst mit dem Papp-Einheitsfahrerhaus bis die Hütte vergammelt war und ersetzt werden musste. Einige kleinere Karosseriebaufirmen hatten sich in der DDR auf solche Arbeiten spezialisiert. Das Fahrzeug läuft auch heute noch. Ein Sammler aus Hamburg hat den Lastzug schonend im Stil der frühen 1950er-Jahre restauriert. (Foto: Ralf Weinreich)

Die Umstellung auf eine Ganzstahlkabine war die erste größere Änderung am Kriegstyp. Hier ein L 5000 als Saugwagen von 1949.

Die Zeiten wurden bunter: Prospekt für den L 5000, 1950-1952.

Mercedes-Benz L 5000 der Stadtverwaltung Stuttgart, beschafft 1952. Der Aufbau stammte von Kuka, der Müllbehälter fasste 10 m³.

L 5000 Pritschenwagen, in dieser Form angeboten zwischen 1949 und 1952.

Alles was man so zum Fahren braucht – aber auch nicht mehr: das Interieur des L 4500 aus Gaggenau.

Die Niederlande waren ein wichtiger Absatzmarkt für deutsche Produkte. Dieser L 5000 pflügt am 9. Juli 1956 durch das nach heftigen Regenfällen teilweise überflutete Amsterdam. (Foto: Anefo, cc0)

MERCEDES-BENZ

Typ L 5000

Selten hat sich die Konstruktion eines mittelschweren Lastwagens unter härtesten Bedingungen so bewährt wie bei diesem Fahrzeug. Robust in der Leistung, billig im Betrieb und anspruchslos in der Wartung hat es in fast allen Ländern der Welt seine begeisterten Freunde gefunden. Mit dem neuen 125-PS-Dieselmotor kommt zu den Vorzügen des bisherigen L 5000 eine verstärkte Zugleistung und eine auf 70 km/h erhöhte Spitzengeschwindigkeit.

Neben der Ausführung mit Brückenaufbau hat sich besonders der motor-hydraulische Dreiseiten-Kipper bewährt. Bei der Beförderung von Schüttgut aller Art ist der „L 5000 K" zu dem bevorzug:en Fahrzeug in Baugewerbe, Industrie und Wirtschaft geworden. Mit dem robusten Motor, dem starken verwindungssteifen Fahrgestell und dem zweckmäßigen Aufbau ist er allen vorkommenden Anforderungen gewachsen.

Mit dem Wechsel zum sparsameren OM 67/8 erhielt der L 5000 eine neue Motorhaube. Beim Übergang zum L 5500 und anschließend zum L 325 änderte sich optisch nichts mehr.

Als dieser L 5000 vom Band lief, war er nicht mehr der schwerste Lkw des Hauses: Dieser Ruhm gebührte dem L 6600, Baureihe L 304.

Die Evolution vom L 5000 zum L 5500 erfolgte weitgehend unbemerkt. Nachdem keine separate Konstruktionsnummer vergeben worden war, konnte es sein, dass – wie auch bei anderer Gelegenheit praktiziert – die Auflastung ohne sonstige technische Änderungen erfolgte.

Presseaufnahme des L 5500 im Schwarzwald. Eine solche Kisten-Ladung war ein gerne genommenes Fotomotiv, kam in der alltäglichen Transportpraxis aber eher selten vor. Die hier mitMühe zu erkennende Aufschrift (»5,5 Tonner, Mercedes-Benz Gaggenau«) dierekt unter der hinteren Bordwand war nicht serienmäßig, sondern nur zu PR-Zwecken angebracht.

Großer Brocken: der L 6600

Was im Programm noch fehlte, war ein großer Fernverkehrslastwagen, und den stellte Daimler-Benz 1950 in Gestalt des L 6600 vor, der neben den bisherigen Gaggenauer Typ L 5000 trat. Dieser schwerste Mercedes-Lastwagen der unmittelbaren Nachkriegszeit verfügte, wie die Typenbezeichnung bereits ausweist, über eine Nutzlast von 6,6 Tonnen. Unter der ellenlangen Haube pochte der neue Sechszylinder-Dieselmotor OM 315 mit 145 PS und einem Hubraum von 8,3 Litern.

Bei diesem neuen Antriebsaggregat handelte es sich um einen gusseisernen Sechszylinder-Reihenmotor mit indirekter Einspritzung. Sein Drehmomentmaximum von 539 Nm lag bei 1300 Umdrehungen an. Verdichtet mit 18,5:1 kam der knapp 8,3 Liter große Vorkammer-Diesel (Bohrung 112 mm, Hub 140 mm) auf eine Literleistung von 17,5 PS und einen Nutzlastfaktor von 0,86. Das Motor-Leistungsgewicht lag bei 5,4 PS pro Tonne. Der Graugussblock wog satte 785 kg und war in vier steifen Gummilagern im Rahmen befestigt. Anders als der kleinere OM 312 verfügte der OM 315 über zwei Zylinderköpfe. Die thermische Gesundheit des Selbstzünders stellten eine überarbeitete Brennkammer, Thermostat und Wärmetauscher sicher – keineswegs eine Selbstverständlichkeit in dieser Epoche und ein Zeichen hoher konstruktiver Qualität. Zum Vergleich: Ein moderner Euro-6-Sechszylinder des Baumusters OM 471 mit 510 PS, wie er etwa im Mercedes-Benz Actros zum Einsatz kommt, hat ein Motor-Leistungsgewicht von 12,8 PS pro Tonne.

Die Mercedes-Benz Lkw-Palette von 1951 basierte auf nur mäßig modifizierten Kriegs-Typen.

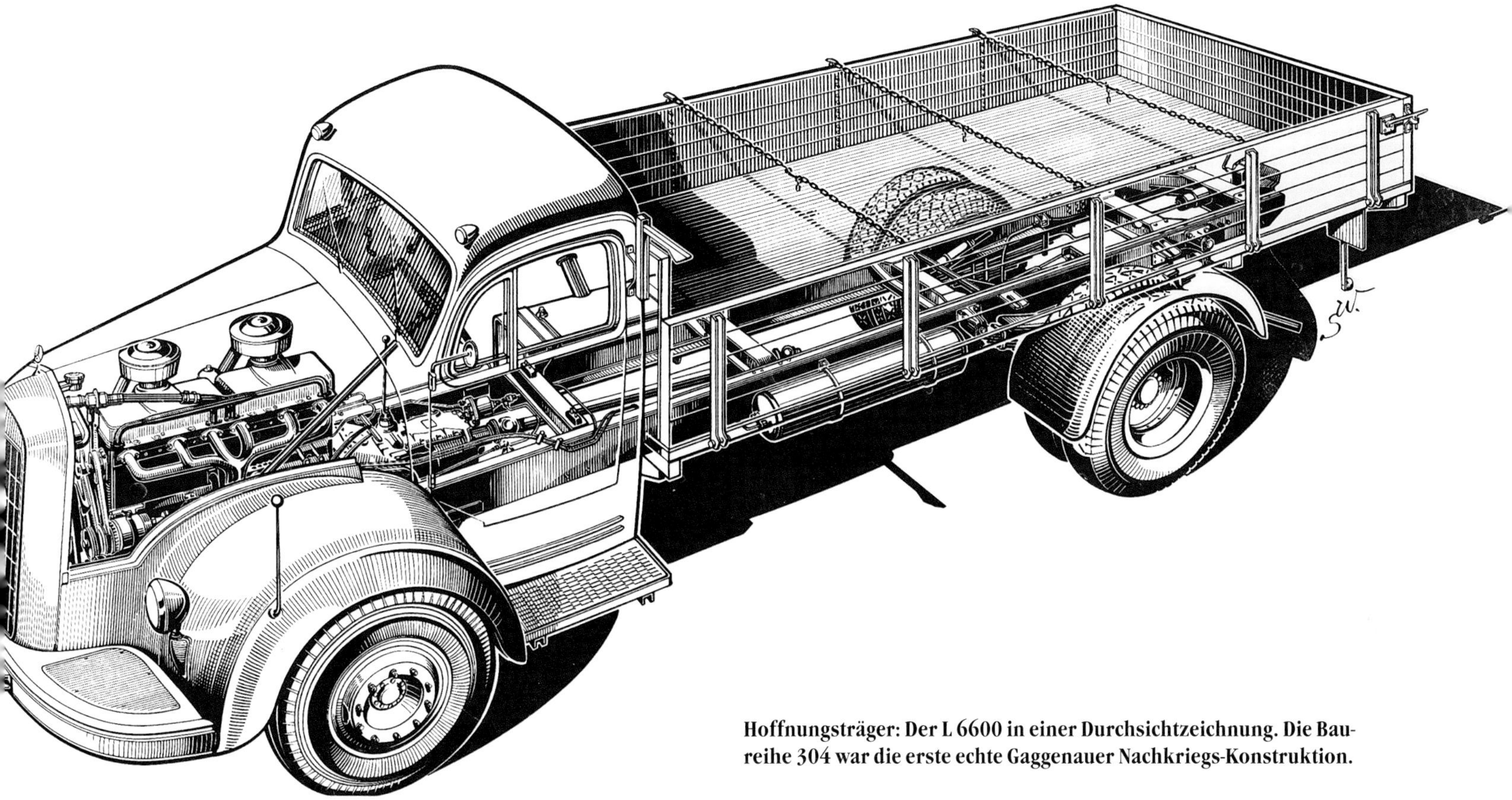

Hoffnungsträger: Der L 6600 in einer Durchsichtzeichnung. Die Baureihe 304 war die erste echte Gaggenauer Nachkriegs-Konstruktion.

Mercedes-Benz versprach für das Triebwerk eine Laufleistung von mindestens 200.000 Kilometern ohne Revision – eine sensationelle Ankündigung, die den imposanten Langschnauzer, der mit zwei Radständen lieferbar und maximal 9,2 Meter lang war, schnell zu einem Bestseller werden ließ. Nachdem die entsprechenden technischen Restriktionen gefallen waren, gab es den großen L 6600 auf Wunsch auch mit Allradantrieb. Gleichwohl sahen zu Beginn der 1950er-Jahre alle mittleren und schweren Lastwagen-Baureihen, egal von welchem Hersteller, im Prinzip gleich aus: Charakteristische Merkmale waren freistehende Kotflügel, separate Scheinwerfer, eine rund ein Meter lange Motorhaube sowie ein sich tapfer gegen den Fahrtwind stemmender Kühler – der Unterschied zu den Vorkriegstypen war noch nicht wirklich groß. Die Höchstgeschwindigkeit lag, je nach Ausführung, zwischen 60 und 75 km/h. Ein Volkswagen lief laut Werk 105 km/h. Während aber beim VW die Bremsen nicht immer überzeugten, so überschütteten die Tester die Bremsanlage (Westinghouse/Daimler-Benz) des schweren Gaggenauers geradezu mit Lob, denn dank serienmäßiger Druckluftunterstützung sei der aufzuwendende Pedaldruck stets »erfreulich gering«.

Beim Fahrgestell handelte es sich um den üblichen Leiterrahmen. Dieser war aber, wie bei den Mannheimer Typen auch, möglichst leicht gehalten worden und nur an den neuralgischen Punkten verstärkt, um das Eigengewicht zu senken. Und ebenfalls wie bei den Mannheimern waren die Quertraversen anfangs eingeschweißt, nicht genietet.

Der schwere L 6600, Baureihe 304, wurde bis 1954 in Gaggenau hergestellt. Im Rahmen der Einführung einer unseligen neuen Typennomenklatur Mitte der 1950er-Jahre kam es schließlich zu einer Umbenennung des nun aufgelasteten Modells in L 315. Bis dahin hatte das Werk rund 11.000 L 6600 auf die Straße geschickt. Während dieser Bauperiode hatte die größte Änderung in der Erhöhung der Nutzlast von 6,6 auf 7,2 Tonnen bestanden. Bei einer 1951 durchgeführten Umfrage unter mehr als zwanzig Besitzern und Fahrern eines L 6600 Fernlasters zeigte sich allerdings, dass die übliche Dreimann-Kabine schon damals weit hinter den Bedürfnissen der Fahrer zurückblieb. Die dabei geäußerte Kritik ließ an Deutlichkeit nichts zu wünschen übrig und bewegte sich von »zu klein« bis hin zu »unbrauchbar für Fernfahrten«.

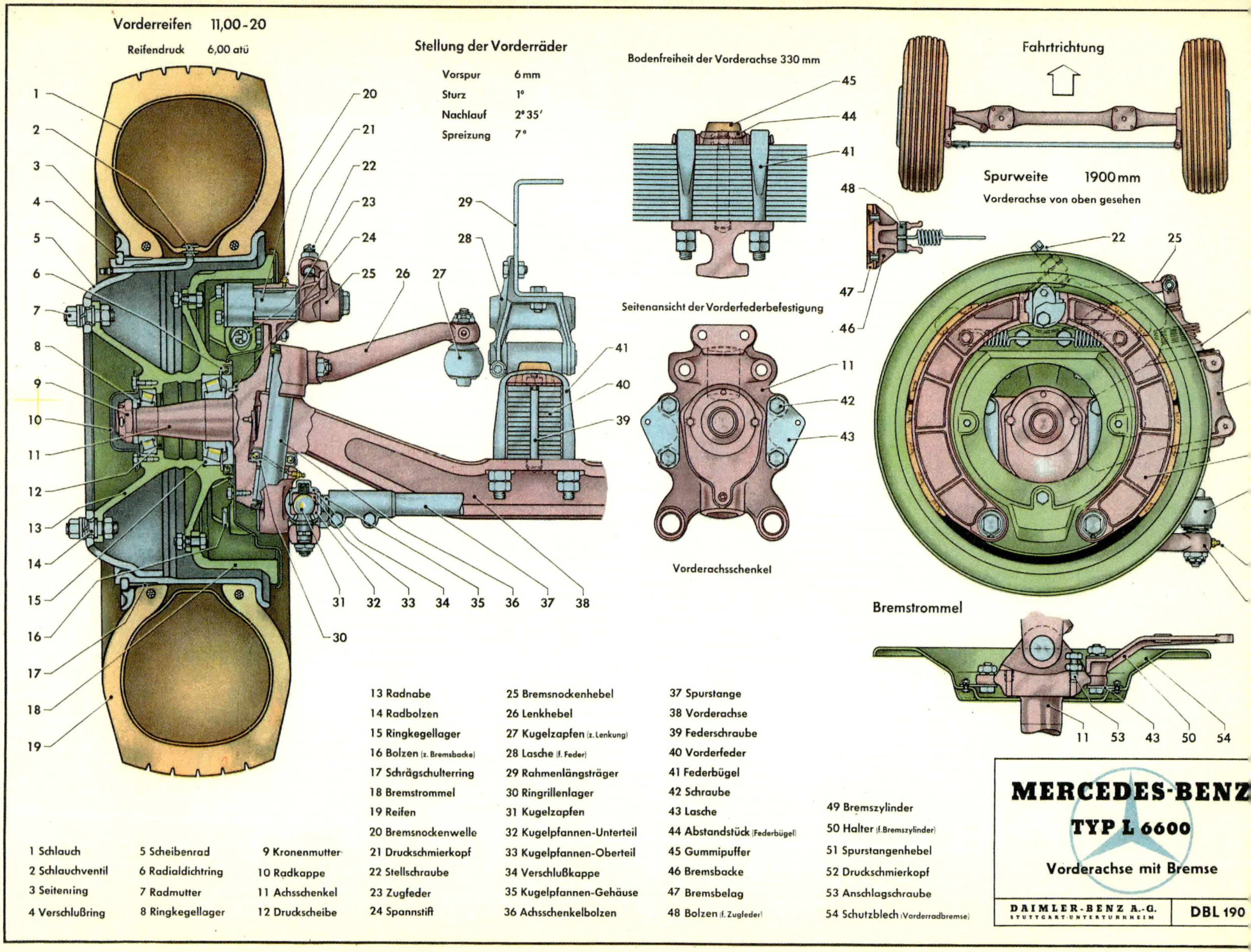

Diese Schautafeln waren zum Aufhängen in der Werkstatt gedacht und zeigten den grundsätzlichen Aufbau. Der Vergleich zwischen den Achsen und Bremsen von L 6600 und L 311/L 312 zeigt: Groß waren die Unterschiede nicht.

»Im Sommer braten, im Winter frieren« war eine sarkastische Losung, die noch bis Anfang der 1960er-Jahre insbesondere unter den Fahrern von Fern-Lkw fast aller Marken kursierte. Die klimatischen Bedingungen in den Kabinen waren schlichtweg katastrophal: In heißen Monaten war der Anblick von Fahrern, die mit halbnacktem Oberkörper ihrer schweißtreibenden Lenkarbeit nachgingen, nicht ungewöhnlich. Ebenfalls keine Seltenheit bei Tropenhitze war die Unsitte, während der Fahrt mit der einen Hand zu lenken und mit der anderen die Tür etwas offenzuhalten. Und Medien berichteten auch von Lkw-Kutschern, die während des Fahrens zur Hälfte auf dem Trittbrett standen und einhändig lenkten. Anders war fast keine Frischluft in die Kabine zu bekommen. Luftdüsen zur Fußraum-Belüftung waren eine Seltenheit. Die Scheiben mussten sowieso komplett heruntergekurbelt werden, der eine oder andere Frachtkutscher hängte, so er denn nicht im Stehen lenkte, sogar seine Beine aus dem geöffneten Fenster hinaus.

Eine vernünftige Be- und Entlüftung gehörte noch

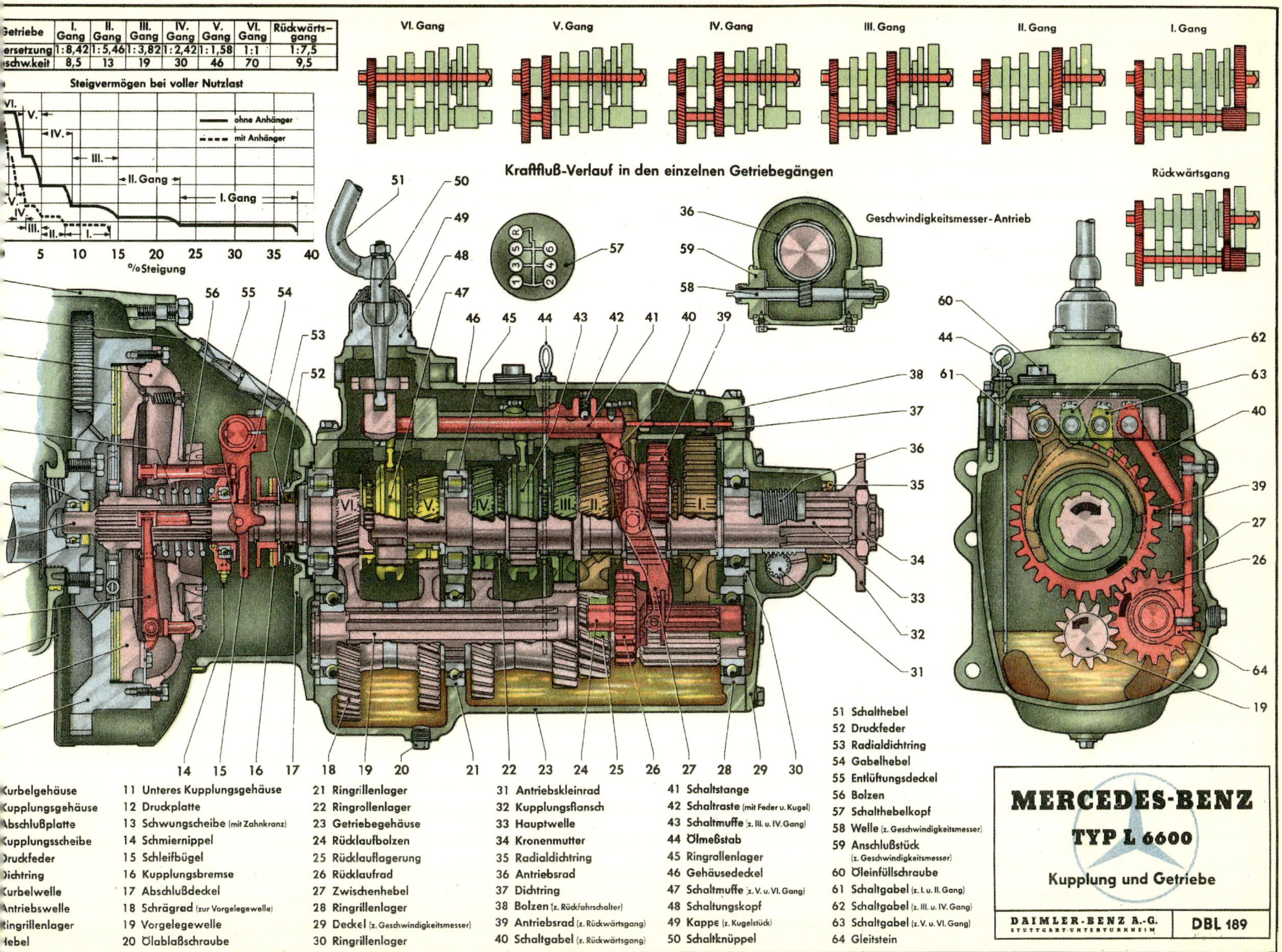

Nur den Schwerlastern vorbehalten war das Allklauen-Getriebe von ZF. Ein Synchrongetriebe in der schweren Klasse bot Daimler-Benz erst in den 1970ern an.

nicht zum Standard im Lkw-Bau, auch nicht bei den Fahrzeugen von Daimler-Benz. Bei den Gaggenauer Langhaubern zum Beispiel mussten Kurbelfenster und ausstellbare Fensterdreiecke genügen, um überhaupt irgendeine Form von Luftzufuhr zu gewährleisten. In den Mannheimer Lkw gab es sogar nur Dreiecksfenster und Gebläse, was beschönigend als »Staudruckbelüftung« bezeichnet wurde. Immerhin waren schmale Lüftungsschlitze zur winterlichen Scheibenentfrostung vorhanden, doch keine Kaltluftzuführung, was bei beschlagenen Scheiben ein echtes Sicherheitsrisiko darstellte. »Herzlich wenig wird getan, dem Fahrpersonal sein schweres Amt zu erleichtern«, stellte die Presse fest. Es gab natürlich auch Fahrer, die ihre Kabinen lobten. Dann aber waren diese von speziellen Aufbauherstellern wie Wackenhut, Kässbohrer oder Ackermann geliefert worden und verfügten meist auch über Schlafliegen. Die Fahrerhaus-Frage musste also dringend gelöst werden, bevorzugt, aber nicht nur im Fernverkehr. Das sah man auch bei Daimler-Benz so.

Der bis 1954 gebaute L 6600 war der erste schwere Nachkriegs-Lkw aus Gaggenau. Seine Erprobung fand auf engen Schwarzwaldsträßchen statt – sicher kein Vergnügen für die Anwohner im Murgtal.

Freifläche des Messestandes auf der IAA 1953. In der Mitte steht der neue L 4500 (L 312) mit Meiller-Aufbau, flankiert von zwei L 6600 – links als Müllwagen mit Kuka-Aufbau, rechts als kurzer Kipper, ebenfalls mit von Meiller stammender Pritsche.

Der deutsche Lkw-Markt in den frühen 1950er-Jahren war für die Fahrzeuge aus dem Werk Gaggenau schwierig. Im Fernverkehr punktete nicht selten die Konkurrenz, beispielsweise Büssing.

Schmuckstück: Perfekt restaurierter L 6600. Kabine und Aufbau stammen von der Firma Hall aus Köln. Der Anhänger hingegen wurde von Kässbohrer, Ulm gefertigt. (Foto: Ralf Weinreich)

Die Fahrerhäuser von Aufbauherstellern waren wesentlich geräumiger und besser ausgestattet als die Werks-Kabinen. Dieses stammt von der Fahrzeugfabrik Kannenberg (FAKA) aus Salzgitter. (Foto: Ralf Weinreich)

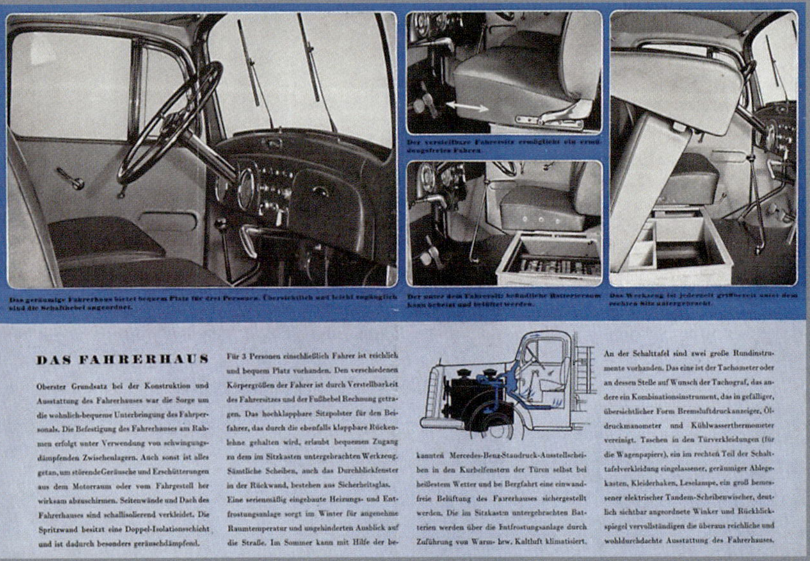

Das geräumige Fahrerhaus bietet bequem Platz für drei Personen. Übersichtlich und leicht zugänglich sind die Schalthebel angeordnet.

Der verstellbare Fahrersitz ermöglicht ein ermüdungsfreies Fahren.

Der unter dem Fahrersitz befindliche Batterieraum kann beheizt und belüftet werden.

Das Werkzeug ist jederzeit griffbereit unter dem rechten Sitz untergebracht.

DAS FAHRERHAUS

Oberster Grundsatz bei der Konstruktion und Ausstattung des Fahrerhauses war die Sorge um die wohnlich-bequeme Unterbringung des Fahrpersonals. Die Befestigung des Fahrerhauses am Rahmen erfolgt unter Verwendung von schwingungsdämpfenden Zwischenlagern. Auch sonst ist alles getan, um störende Geräusche und Erschütterungen aus dem Motorraum oder vom Fahrgestell her wirksam abzuschirmen. Seitenwände und Dach des Fahrerhauses sind schallisolierend verkleidet. Die Spritzwand besitzt eine Doppel-Isolationsschicht und ist dadurch besonders geräuschdämpfend.

Für 3 Personen einschließlich Fahrer ist reichlich und bequem Platz vorhanden. Den verschiedenen Körpergrößen der Fahrer ist durch Verstellbarkeit des Fahrersitzes und der Fußhebel Rechnung getragen. Das hochklappbare Sitzpolster für den Beifahrer, das durch die ebenfalls klappbare Rückenlehne gehalten wird, erlaubt bequemen Zugang zu dem im Sitzkasten untergebrachten Werkzeug. Sämtliche Scheiben, auch das Durchblickfenster in der Rückwand, bestehen aus Sicherheitsglas.
Eine serienmäßig eingebaute Heizungs- und Entfrostungsanlage sorgt im Winter für angenehme Raumtemperatur und ungehinderten Ausblick auf die Straße. Im Sommer kann mit Hilfe der bekannten Mercedes-Benz-Staudruck-Ausstellscheiben in den Kurbelfenstern der Türen selbst bei heißestem Wetter und bei Bergfahrt eine einwandfreie Belüftung des Fahrerhauses sichergestellt werden. Die im Sitzkasten untergebrachten Batterien werden über die Entfrostungsanlage durch Zuführung von Warm- bzw. Kaltluft klimatisiert.

An der Schalttafel sind zwei große Rundinstrumente vorhanden. Das eine ist der Tachometer oder an dessen Stelle auf Wunsch der Tachograf, das andere ein Kombinationsinstrument, das in gefälliger, übersichtlicher Form Bremsluftdruckanzeiger, Öldruckmanometer und Kühlwasserthermometer vereinigt. Taschen in den Türverkleidungen (für die Wagenpapiere), ein im rechten Teil der Schalttafelverkleidung eingelassener, geräumiger Ablegekasten, Kleiderhaken, Leselampe, ein groß bemessener elektrischer Tandem-Scheibenwischer, deutlich sichtbar angeordnete Winker und Rückblickspiegel vervollständigen die überaus reichliche und wohldurchdachte Ausstattung des Fahrerhauses.

Das Werk sah seine Kabine natürlich in ganz anderem Licht: Prospektabbildung zum L 6600 mit Details zur Fahrerhausausstattung.

Der Einsatz im Fernverkehr war mit dem L 6600 eigentlich nur mit Schlafkabine sinnvoll. Hier hat der Spediteur seinem Wackenhut-Laster einen verchromten Kühlergrill spendiert, serienmäßig war er lackiert.

Auch andere Anbieter bauten Fernfahrerkabinen: Dieser L 6600 hat einen Aufbau von F. X. Kögel, Ulm.

Früher L 6600 mit oben angeschlagenen Scheibenwischern. Das Dreieck auf dem Dach war das Zeichen für Lkw mit Anhänger.

Die nach Pritsche und Kipper dritte ab Werk angebotene Ausführung war die Sattelzugmaschine L 6600 Sa. In Deutschland war sie weniger populär.

Die letzten L 6600 waren eigentlich L 7200. Hier waren die Scheibenwischer unten angeschlagen.

Die Gebrüder Gogröff, eine in Bruchsal ansässige Spedition ließ 1955 diesen eindrucksvollen Möbelzug auf O 6600-Fahrgestell aufbauen. Karosseriebauer, wie hier die Firma Ackermann, und Möbelspediteure schätzten die Busfahrgestelle mit ihrer niedrigen Rahmenhöhe als Basis für Möbelwagen. (Foto: Ralf Weinreich)

FERNUMZÜGE
Gogröf
Bruchsal
RE-06498

Auch den 6,6-Tonner gab es später mit Allradantrieb. Dieser LA mit Doll-Nachläufer für den Langholz-Transport und Vorbauwinde dürfte nach Skandinavien gegangen sein.

Nach Ende ihrer Nutzungsdauer in Europa wurden viele Lkw nach Afrika und den Mittleren Osten verkauft, sofern sie nicht von vornherein für den Export bestimmt gewesen waren. Die Aufnahme dieses frühen L 6600 mit Reifenpanne stammt von 1965. (Foto: Nationaal Museum van Wereldculturen, cc-by-sa 3.0)

Der LA 6600 war der Vorgänger der LG 315 und wurde für die Bundeswehr entwickelt. Er trägt das Stahlfahrerhaus mit Dachluke, das auch noch die ersten LG 315 aufwiesen.

L 315: neuer Name, alte Probleme

Die Steigerung der Nutzlast auf 8 Tonnen führte beim ansonsten praktisch unveränderten L 6600 der Baureihe 304 zur Bezeichnung L 315. Wie stets, war das dem Lkw von außen nicht anzusehen. Durch den verbesserten Nutzlastfaktor – bisher 1:1,1, jetzt 1:1,2 – war er zumindest von der Papierform her dem L 6600 leicht überlegen. Doch bei Licht betrachtet war die Leistungsausbeute des Sechszylinder-Selbstzünders nur noch unterdurchschnittlich. Wenn auch diese Tatsache in Tests der Fachpresse noch in milde Worte gekleidet wurde (»... für schweren Anhängerbetrieb in bergigem Gelände unter Umständen nicht ganz ausreichend ...«), so war doch klar, dass 145 PS für einen Lastwagen mit knapp 15 Tonnen Gesamtgewicht schlichtweg unzureichend waren, auch wenn die Leistung auf dem Papier den gesetzlichen Mindestanforderungen entsprechen mochte.

Die Anpassung an die höhere Nutzlast hatte man über eine geänderte Hinterachsübersetzung sowie andere Abstufungen der unteren drei Gänge vorgenommen. Die Kraftübertragung erfolgte, wie gehabt, über das Sechsgang-Allklauengetriebe AK 6-55 von ZF. Leider musste der Kapitän der Landstraße noch nach alter Väter Sitte mit Zwischengas und starkem Oberarm im Getriebe rühren, und bei einer Gesamtlast von über 30 Tonnen im Anhängerbetrieb war mit einem OM 315 eine ganze Menge Schaltarbeit erforderlich. Voll beladen, ging dem dicken Gaggenauer schon bei der leichtesten Steigung die Puste aus. Dann kroch er mit vielleicht 12 oder 13 Stundenkilometern das Hügelchen hinauf und stieß dabei dicke Rauchschwaden aus, die alle Hinterherfahrenden einnebelten. Während sich die Bergsteigefähigkeit wegen der höheren Lasten um rund 15 % verschlechterte, sank die Endgeschwindigkeit von 72 km/h dank der anderen Hinterachsübersetzung lediglich um 2 km/h ab: Der L 315 war zweifellos ein Flachland-Tiroler.

Der L 315 (hier als LAK) war nichts anderes als ein kaum überarbeiteter L 6600.

Eines der wenigen Unterscheidungsmerkmale zeigt der Blick auf den Stoßfänger: Hat dieser eine mittig angebrachte Koppelöse, handelt es sich um einen 315er.

Weitere kleine Unterschiede lassen sich aber doch finden. So bietet die Position der Scheibenwischer einen gewissen Anhaltspunkt: Sind sie oberhalb der Scheibe angelenkt, könnte es sich um einen L 6600 handeln, befinden sie sich unten, dürfte es ein L 315 sein, obwohl es auch hier zahlreiche Ausnahmen von der Regel gab – hier ein später LA am »Sauberg«.

Dieser wunderbar restaurierte LK 315 von 1955 war einer der Stars auf dem Daimler-Messestand der »Retro Classics 2018« in Stuttgart.

Vielleicht war es daher auch kein Wunder, dass die seltenste und spektakulärste Variante des L 315 vor allem für den niederländischen Markt gebaut wurde, wo Steigungen selten und Gesamtgewichte von 20 Tonnen für Motorwagen statthaft waren: In den Jahren 1955 und 1956 entstand in Gaggenau der L 315 S, der erste Nachkriegs-Dreiachser von Mercedes-Benz. Die Basis bildete dabei der zweiachsige Langhauber, von dem die grundsätzliche Rahmenkonstruktion wie auch die Technik stammte. Geändert hatten sich natürlich die Gewichte und die Abmessungen. Bei der zweiten Hinterachse handelte es sich um eine sogenannte Schleppachse. Die Achse war also nicht angetrieben, aber über Schubstangen an der Antriebsachse angelenkt, was bei Kurvenfahrt von Vorteil war: Sie lief nach und hatte damit einen gewissen Spielraum, was die Wendigkeit erhöhte und den Reifenverschleiß minderte. Diesen Effekt erzielten die Gaggenauer Konstrukteure durch den Einsatz von querliegenden Spiralfedern hinter der Schleppachse. Nach dem Durchfahren der Kurve brachten diese die Achse wieder in die Spur zurück. Die Vorderachslast betrug, wie beim normalen L 315, 4,6 Tonnen; die beiden Hinterachsen konnten mit jeweils 8 Tonnen belastet werden, was ein zulässiges Gesamtgewicht von 20,6 Tonnen ergab. Die Gesamtlänge des Dreiachsers lag bei 9,2 Meter. Zum Vergleich: Der normale zweiachsige L 315 mit 4,6 Meter Radstand war 8,3 Meter lang und hatte (bei verstärktem Fahrgestell, das beim Dreiachser obligatorisch war) eine 10-Tonnen-Hinterachse. Sein Gesamtgewicht lag bei 14,1 Tonnen, und sein Wendekreis betrug 17,3 Meter. Hier wies der L 315 S einen um 3,5 Meter größeren Radius auf.

Da der ganze Lastwagen, ob nun mit zwei oder drei Achsen, aus bekannten Komponenten aufgebaut war, leistete er sich im Alltag nur wenige Schwächen. Die Kritik entzündete sich vor allem an jenen Punkten, die man

Aus dieser Perspektive gut zu erkennen: Das Missverhältnis von Motorhaube zu Pritschenlänge. Langhauber waren unwirtschaftlich – bei 4200 mm Radstand war die Pritsche nur 4000, bei 4600 mm Radstand 4500 mm lang. Die Gesamtlänge der Fahrzeuge betrug 7360 bzw. 7980 mm.

schon dem Vorgänger hatte ankreiden müssen: In erster Linie handelte es sich dabei um die Kabine, denn zum Leidwesen des Fahrpersonals war das immer noch spartanisch ausgestattete und enge Fahrerhaus der mittleren Mannheimer unverändert beibehalten worden.

Im weiteren Verlauf der 1950er-Jahre wuchs das schwere Lastwagen-Programm aus Gaggenau stetig weiter. Allerdings litten diese Fahrzeuge stärker unter

Kommandostand: Das L 315-Armaturenbrett wird dominiert von zwei großen Rundinstrumenten. Die linke Uhr informiert über Wassertemperatur und Bremsluftdruck, rechts der bis 90 km/h reichende Tacho.

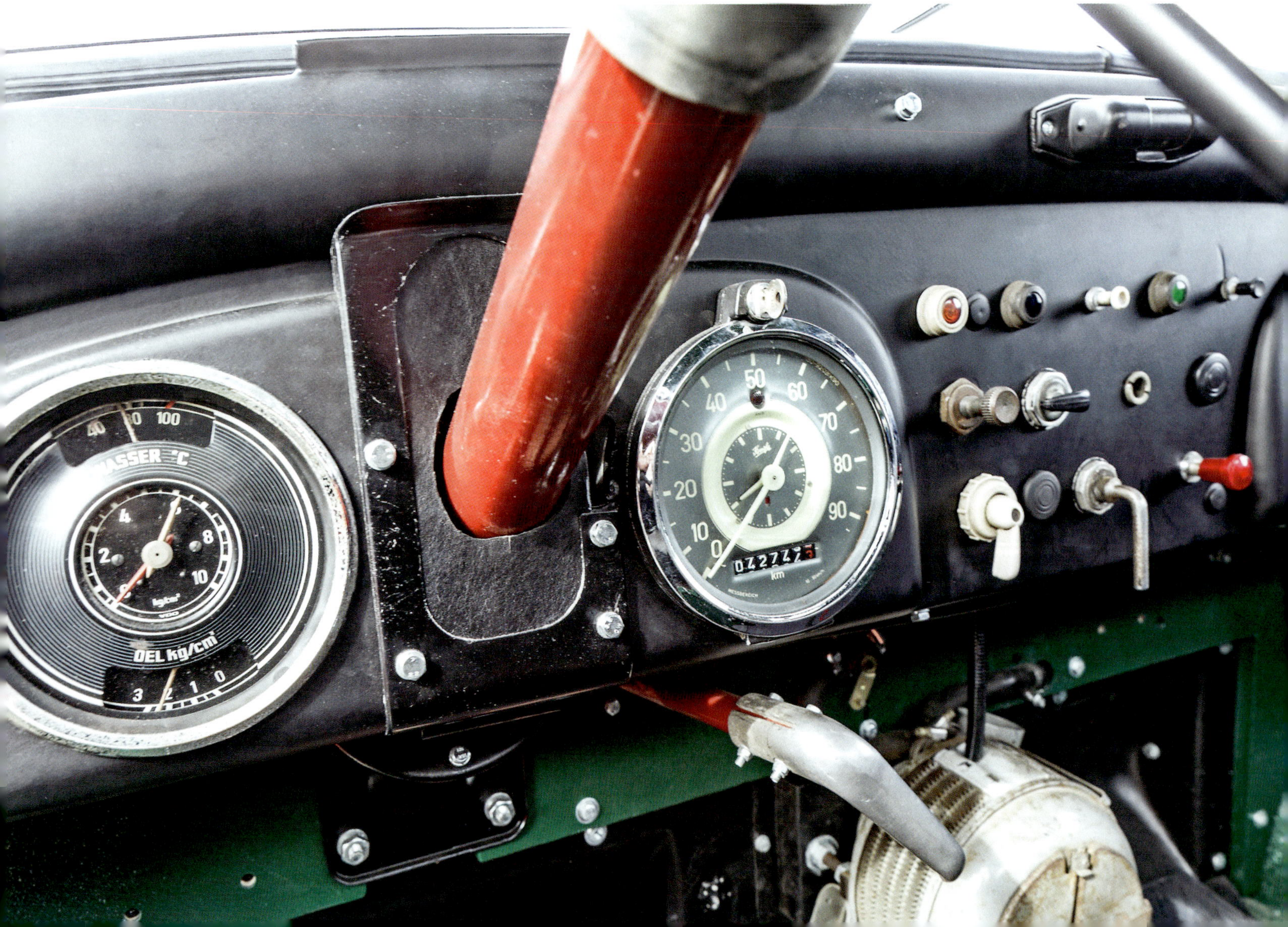

Das lange Fahrerhaus mit geteilter Windschutzscheibe dieses LS 315 lässt auf die Arbeit eines Aufbauherstellers schließen.

Allrad-Zugmaschinen wie diese LAS 315, wurden häufig exportiert. Aufgrund ihrer stabilen Konstruktion sind sie in manchen Ländern noch heute im Einsatz.

Ebenfalls für den Export bestimmt war diese schwere Drehleiter mit Metz-Aufbau.

Auch der 1956/57 gebaute Dreiachser L 315 S wurde nur auf Exportmärkten angeboten.

Technisch entsprach er dem normalen L 315, wies aber eine zweite, nicht angetriebene Hinterachse auf.

den sich ständig verschärfenden staatlichen Regulierungen in puncto Gewichte und Dimensionen als die in Mannheim gebauten leichten und mittleren Lkw-Baureihen. Eine Modellpflege erfolgte nur, wenn es der Markt verlangte oder die Gesetzeslage es erforderte. Aufgrund des schon damals ziemlich ausgeklügelten Produktionsbaukastens bei Daimler-Benz war es außerdem eine vergleichsweise unkomplizierte Angelegenheit, wenn der Verkauf Bedarf anmeldete, eine neue Variante »geltend zu machen«, wie es intern hieß, also eine Neuentwicklung zur Marktreife zu bringen. Zur IAA 1955 stellte Daimler-Benz auf diese Weise zum Beispiel den schweren Typen L und LP 315 eine weitere Variante mit 8,5 Tonnen Nutzlast zur Seite. Die technischen Unterschiede waren gering und beschränkten sich in der Hauptsache, bei unverändertem Hinterachsdruck, auf den Anbau einer verkürzten Pritsche für weniger volumenträchtiges, aber spezifisch schwereres Ladegut.

Für schwere Spezialaufbauten wie diesen Flugfeldtankwagen war das höhere zulässige Gesamtgewicht nahezu ideal.

Die Bundeswehr ruft – der LG 315

Die Gründung der Bundeswehr und die folgende Wiederbewaffnung der Bundesrepublik ab Mai 1955 versprach allen deutschen Lkw-Herstellern lukrative Geschäfte. Mit dem am 9. Mai vollzogenen Beitritt zum Nordatlantischen Verteidigungsbündnis NATO waren auch die letzten Beschränkungen der Alliierten, was den Bau von Nutzfahrzeugen anging, Makulatur geworden. Bekanntlich hatte man in Deutschland in den ersten Nachkriegsjahren keine Schwerlastwagen bauen dürfen, keine Dreiachser und keine Allradfahrzeuge, keine Sattelschlepper und keine Lkw mit mehr als 150 PS. Doch diese Restriktionen waren im Lauf der Zeit gefallen, das Allrad-Verbot zuerst. Denn jedes Militärfahrzeug sollte einen Allradantrieb aufweisen.

Gemäß der nun geltenden NATO-Klassifizierung unterteilte die Bundeswehr ihren Fuhrpark in fünf Nutzlastklassen und achtete darauf, dass möglichst alle Lkw-Firmen in die Ausschreibungen für Beschaffungen mit einbezogen wurden: Der Auftrag zur Lieferung des »Lkw 0,25 t gl (4x4)« ging an die Auto Union mit dem »Munga«, den »Lkw 0,75 gl (4x4)« lieferte Borward und bei den 1,5-Tonnern machte Daimler-Benz mit dem Unimog S das Rennen. Aufgrund des Unimog-Beschaffungsauftrags war Daimler-Benz in der 3-Tonnen-Klasse außen vor, stattdessen erhielt Ford in einer primär wirtschaftlich motivierten Entscheidung mit dem Ford G 398 SAM, bald spöttisch »NATO-Ziege« genannt, den Zuschlag. Der größte Bedarf an Allrad-Lkw bestand in der NATO-Klasse 6 Tonnen. Hier standen 35.000 Einhei-

Die ersten für militärische Verwendung gedachten Exemplare des LA 315 wurden noch mit Ganzstahl-Fahrerhaus und normalen, wenn auch gekürzten Kotflügeln versehen. Unter der langen Haube kam ein sogenannter Vielstoffmotor zum Einsatz.

ten auf der Einkaufsliste. Diese Größenordnung warf die Firmen Büssing und Henschel aus dem Rennen, auch Magirus-Deutz und Faun schieden aus, weil beide schon mit der Produktion von schwereren Zivil-Lkw ausgelastet waren.

Krupp manövrierte sich mit seinem Zweitakt-Diesel ins Abseits, weil die Bundeswehr unmissverständlich Diesel-Vielstoffmotoren gefordert hatte. Neben dem flexibel zu handhabenden Treibstoffnachschub sprach für einen Vielstoffdiesel auch der niedrigere Kraftstoffverbrauch (unter 165 g/PSh) und die Tatsache, dass ein Diesel keine elektrische Zündung benötigt und daher auch die Richt- und Meldeelektronik nicht beeinflussen konnte. Damit verblieben nur noch Daimler-Benz und MAN im Rennen, mit Vorteilen für MAN. Da die Augsburger die Produktion ihres Typs 630 L2A für den Bundeswehr-Bedarf nicht schnell genug steigern konnten, kam hier aber erneut Daimler-Benz zum Zug. Die Fahrzeugbasis bildete der L 315, der in der Bundeswehr-Ausführung die Typbezeichnung LG 315 erhielt. Allerdings waren auch in Gaggenau die Kapazitäten voll ausgelastet, sodass weder MAN noch Daimler-Benz die erforderlichen Stückzahlen vor 1958 liefern konnten. Daher beschaffte die Truppe als Zwischenlösung rund 400 Henschel-Lkw. Diese bewährten sich nicht besonders und wurden schnellstmöglich wieder ausgemustert, spätestens Mitte der 1960er-Jahre waren sie kaum mehr anzutreffen.

Der LG 315/46, wie er präzise hieß, wurde in insgesamt rund 6600 Einheiten beschafft, das erste Exemplar verließ das Werk in Gaggenau im Juli 1956. Die bis 1958 gebauten Fahrzeuge besaßen, ganz entgegen den Forderungen, noch das zivile Ganzstahl-Fahrerhaus, einziges Zugeständnis an den speziellen Verwendungszweck war die Dachluke; auch die Seilwinde gehörte nicht zur serienmäßigen Ausstattung der zivilen Allradversionen. Nach 1958 kam es zur Umstellung auf das offene Ein-

Für die Erstausrüstung der Bundeswehr lieferte Daimler-Benz den LG 315. Auch dieser hatte natürlich Allradantrieb. Das »G« stand für »Gelände«.

heitsfahrerhaus mit Faltverdeck, seitlichen Kunststofffenstern und umklappbarer Windschutzscheibe. Nur die Feuerwehrfahrzeuge wurden bis zur Produktionseinstellung weiterhin mit Stahlkabinen geliefert.

Das Leergewicht des LG 315 lag bei 7,7 Tonnen, für Vortrieb sorgte der OM 315 V mit 8,3 Liter Hubraum und 145 PS Leistung in Vielstoff-Ausführung. Das bedeutete: Er ließ sich bei Bedarf auch mit Normal- oder Superbenzin, Kerosin, Petroleum, Schmieröl, Rohöl oder weiteren irgendwie brennbaren flüssigen oder gasförmigen Stoffen betreiben. Dazu musste an der Einspritzpumpe nur ein kleiner Hebel umgelegt werden. Das wirkte sich jeweils natürlich auf Leistung und Verbrauch aus.

Eingesetzt wurde der schwere Allradler vor allem mit werkseigener 4,5-Meter-Pritsche (Ersatzrad hinter dem Fahrerhaus) und einteiliger 5-Meter-Pritsche (Ersatzrad unter der Pritsche, ab 1959/60) für Material- und Mannschaftstransport sowie als Zugmittel für Anhänger. Darüber hinaus gingen einige Fahrgestelle an Metz, Bachert und Graaff, die nach Bundeswehr-Vorgaben Feuerwehraufbauten daraufsetzten, dazu kamen einige Kofferaufbauten für Feldküche, Funkstelle und Gerätewagen. Nur zu Versuchszwecken entstanden Ausführungen mit Kipppritsche und Kranaufbau, auch die fertig konzipierte Sattelzugmaschine wurde nicht eingeführt. Für den Mercedes-Benz sprachen die günstige Gewichtsverteilung und die hohe Geländegängigkeit. Für besonders schwierige Geländeverhältnisse ließ sich die Normalbereifung gegen eine neuartige Breitbereifung austauschen. Während die MAN-5-Tonner sowohl mit Zwillings- als auch mit Einzelbereifung an der Hinterachse geliefert wurden, gab es den Mercedes-Benz LG 315 ausschließlich mit Einzelrädern und grobstolliger Bereifung in der Ausführung 14,00-20 eHD verst.. Diese

Die zwischen 1958 und 1964 ausgelieferten Exemplare verfügten über das offene Fahrerhaus. Das Reserverad hinter der Pritsche verrät: Es handelt sich hier um die kurze Pritsche.

Nur wenige der LG 315 haben ihre Dienstzeit bei der Bundeswehr überlebt. Und nur ganz selten hat man das Glück, ein Exemplar in so meisterhaft restauriertem Zustand anzutreffen. (Foto: Ralf Weinreich)

großen Räder und die Federung machten den LG 315 sehr hochbeinig – gut im Geländeeinsatz, kritisch aber in besonders heiklen Passagen, denn ein hohes Fahrzeug kippt leichter. Es kam zu einigen tragischen Unfällen.

Die Truppe war nicht unzufrieden mit ihren LG 315, musste sie aber bald wieder abgeben, denn sie waren ohnehin nur als Zwischenlösung gedacht gewesen, bis MAN liefern konnte. Nach ihrer Aussonderung gelangten einige der Pritschen-Lkw zu Verbänden von Technischem Hilfswerk (THW) und Rotem Kreuz. Insgesamt wurden bis 1964 in Gaggenau 8283 LG-315-Fahrgestelle produziert.

Diese Metz-DL 25 auf Fahrgestell LG 315/46 war ebenfalls in Diensten der Bundeswehr. Hier gut zu erkennen die Haubenbefestigung mit Knebeln statt mit Hebeln, die vermutlich ab 1957 zum Einsatz kam.

LP 315: Der erste Frontlenker war ein umgebauter Langhauber

Der Langhauber-Typ L 315 bildete nicht nur die Basis für den ersten Bundeswehr-Typ, sondern auch für den ersten komplett ab Werk lieferbaren Frontlenker von Mercedes-Benz, den LP 315. Dessen Fernverkehrs-Fahrerhaus wurde noch vom Aufbauhersteller Wackenhut zugeliefert und ließ die bisherige Hauber-Kabine im wahrsten Sinne alt aussehen – sie sei im Vergleich »verhältnismäßig klein, eng und ... primitiv«, stand in der Fachpresse zu lesen. Der erste Frontlenker unterschied sich aber nicht nur durch das in Pullman-Bauweise ausgeführte Fahrerhaus, sondern auch in technischen Details vom Haubenwagen: Das Fahrgestellgewicht war um 400 kg auf 4940 kg gestiegen, während die Tragfähigkeit des Chassis (jeweils mit 4600 mm Radstand) mit 9960 kg angegeben war und somit um 590 kg über dem des Haubers lag. Außerdem verfügte der LP serienmäßig

Ab 1954 wurde der LP 315 zunächst ausschließlich für das Ausland produziert, von Mitte 1955 an war er auch auf dem deutschen Markt erhältlich.

über hydraulische Stoßdämpfer an der 5-Tonnen-Vorderachse, die beim L 315 mit 4,4-Tonnen-Achse zunächst aufpreispflichtig waren. Das Frontlenker-Fahrerhaus mit dem knapp vor die Vorderachse zurückverlegten, 145 PS starken Motor erforderte außerdem einen verkürzten Rahmen. Zu den weiteren Unterschieden gehörten die modifizierte Lenkung sowie die Unterbringung des Reserverads auf einem ausfahrbaren Schlitten links zwischen Pritsche und Rahmen. Die Pritsche selbst hatte zweiteilige Seitenwände und war gegenüber dem Hauber um einen auf 6 Meter verlängert worden. Dennoch maß der Frontlenker mit rund 8,5 Metern außen kaum länger als der Hauber.

Ab 1954 wurde der LP 315 zunächst ausschließlich für das Ausland produziert, seit Mitte 1955 war er als Ergänzung zum Langhauber auch für deutsche Kunden bestellbar. Die Preise lagen zwischen 36.300 und 39.925 Mark

Natürlich brachte auch die Frontlenker-Bauweise gewisse Nachteile mit sich. Der relativ geringe Wirkungsgrad damaliger Dieselmotoren ließ zwei Drittel der Energie in Form von Wärme verlorengehen, und ein Gutteil davon gelangte in das Fahrerhaus, trotz umfangreicher Isolation des Motors. »Auch die beste Motorabdeckung wird im Laufe der Zeit undicht und isoliert laufend schlechter gegen Hitze und Lärm«, notierte ein zeitgenössischer Kommentator. Auch an den klimatischen Bedingungen in der Kabine musste weiterhin gearbeitet werden. Und dann war da noch das Problem mit Reparatur und Wartung, denn der Motor war beim Frontlenker nicht mehr so gut zugänglich wie bei einem normalen Hauber. Schon um Öl nachzufüllen, musste jedes Mal die schwere, an der Rückwand in Scharnieren gelagerte Motorabdeckung in der ziemlich beengten Kabine nach oben geklappt werden. Das war übrigens recht häufig der Fall: Laut Werk genehmigte sich der OM 315 immerhin 0,4 Liter Öl auf 100 Kilometer. Darüber hinaus musste der Sechszylinder-Diesel bei größeren Reparaturen erst mal nach vorn herausgefahren werden, was längere Vorbereitungen erforderte.

Die Frontlenkerbauweise erforderte einen zurückverlegten Motor.

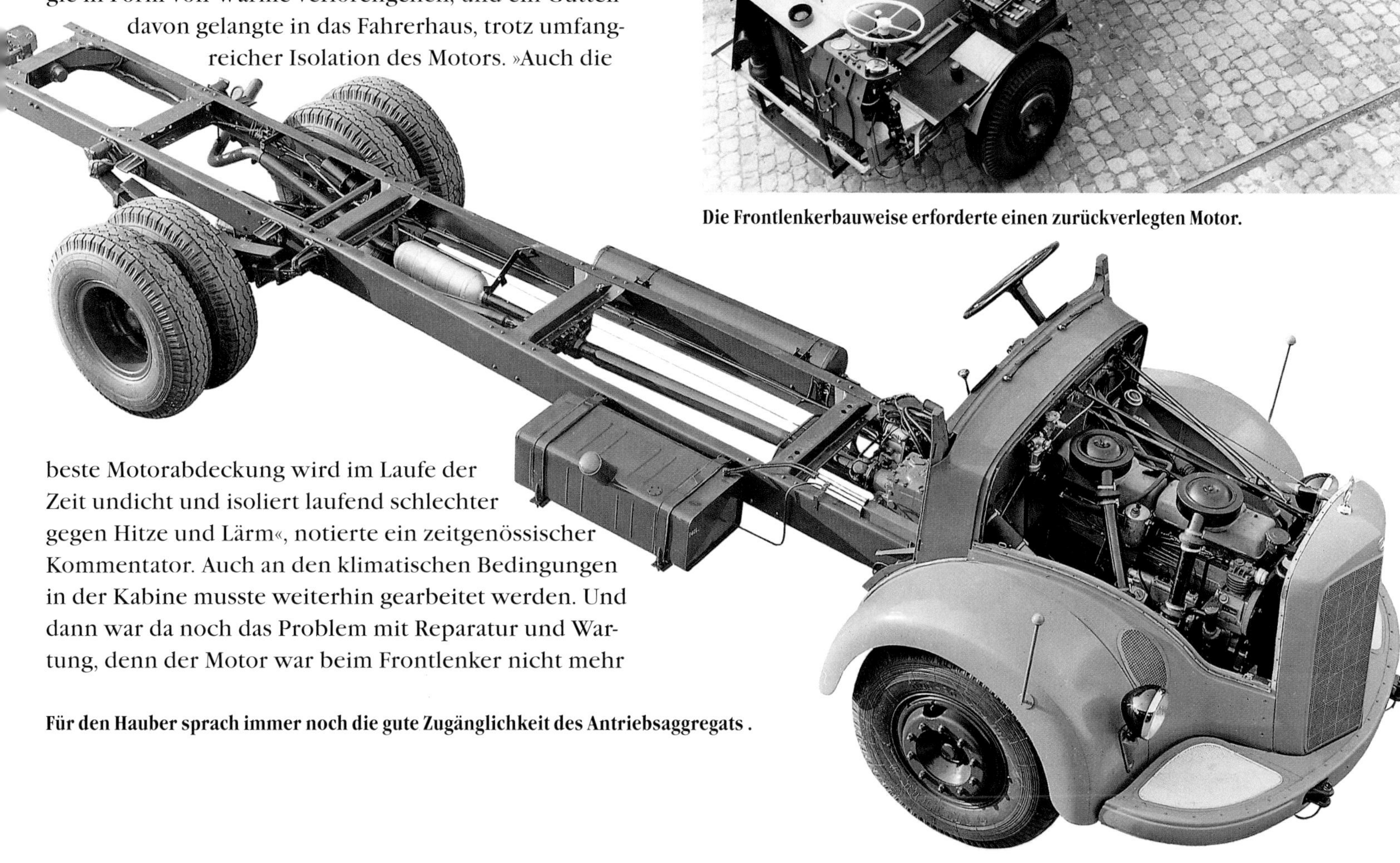

Für den Hauber sprach immer noch die gute Zugänglichkeit des Antriebsaggregats .

Kapitel 6
Leicht zu verwechseln: Die Übergangsmodelle

Seit Daimler-Benz Lastwagen baute – und das tat man seit dem Start des fusionierten Unternehmens anno 1926 –, bezeichnete Mercedes seine Lastwagenbaureihen mit dem Buchstaben »L«, gefolgt von einer Angabe der Nutzlast in Kilogramm: Der zwischen 1935 und 1940 gebaute L 6500 war demzufolge ein Lastwagen mit 6,5 Tonnen Nutzlast, ein L 3500 ein solcher mit 3,5 Tonnen. Dieses simple System behielten die Schwaben auch nach 1945

zunächst bei. Durch die Erweiterung der Modellpalette stieß dieses System allerdings an Grenzen, denn einen L 4500 gab es sowohl aus Mannheimer als auch aus Gaggenauer Produktion, waren aber grundverschieden. Außerdem passten Bezeichnung und tatsächliche Traglast nicht mehr zusammen, der auf 7,2 Tonnen gebrachte L 6600 wurde beispielsweise nicht umbenannt, was für Verwirrung sorgte. Für den Opel Blitz-Nachbau hätte auch eine Bezeichnung verwendet werden müssen, die im Mercedes-Programm bereits vergeben war. Um eine einwandfreie Identifizierung zu ermöglichen, hatte man diesen mit der damaligen Konstruktionsnummer L 701 versehen.

Eine solche Konstruktionsnummer trugen intern alle Lkw- und Pkw-Baumuster des Hauses, mit Motorleistung oder Nutzlast hatte sie aber nichts zu tun. Diese unverwechselbare Nummer diente nach dem 1954/55 durchgeführten ersten großen Modellwechsel als neue Verkaufsbezeichnung: Der Gaggenauer L 6600 figurierte nun, entsprechend der ursprünglichen Konstruktionsnummer, in den Verkaufslisten als L 304, ein L 5000 hieß nun L 303. Doch der Versuch, durch diese Umbenennung Ordnung im Programm zu schaffen, ging gründlich schief. Weder Kunden noch Verkäufer konnten sich unter den abstrakten Typencodes etwas vorstellen, zumal sich die Mercedes-Lkw bis Ende der 1950er-Jahre, abgesehen von Details, zum Verwechseln ähnlich sahen.

L 325: mittelschwerer Gaggenauer

Unterhalb des Schwer-Lkw L 315 baute Gaggenau den leichteren L 325. Bei diesem auf der IAA in Frankfurt/M. 1953 vorgestellten und ab Juni 1954 lieferbaren Modell handelte es sich um nichts anderes als den ehemaligen L 5500, der seinerseits die Neuauflage des L 5000 darstellte, aber eine neue Haube erhalten hatte. Einhergegangen war damit eine Auflastung, denn der L 6600 war nun auf 7,2 Tonnen gebracht worden und hinterließ eine entsprechende Lücke im Programm.

Eines der großen Probleme der Gaggenauer Lkw bestand stets darin, dass sie nicht nur alle gleich aussahen, sondern auch die enge Kabine der kleineren Mannheimer Lastwagenmodelle übernehmen mussten. Das verlieh den schweren Mercedes-Lkw einen auf Dauer kontraproduktiven Einheitslook und führte bekanntlich zu herber Kritik wegen der im Fernverkehr ungenügenden Platzverhältnisse. Und auch die eingesetzten Motoren waren zwar zeitgemäße, aber keineswegs hochmoderne Konstruktionen, denn sie gingen alle auf jenen Typ OM 67 zurück, der bereits seit 1935 verwendet wurde. Die beim L 325 zum Einsatz kommende Ausbaustufe hieß OM 325, hatte 7,3 Liter Hubraum und eine Motorleistung von 125 PS bei 2200 Touren. Ihr maximales Drehmoment lag bei 440 Nm, die bei 1400 Umdrehungen abgerufen wurden. Die Kraftübertragung erfolgte über ein unsyn-

»Der in Fachkreisen als besonders robust bekannte Mercedes-Benz-Fünftonner ... präsentiert sich jetzt als »L 325/6-t-Klasse«, verkündete die Pressemappe zur IAA 1953.

Das Leergewicht (ohne Verdeck) des L 325 lag bei 5,3 Tonnen, das zulässige Gesamtgewicht bei 11,3 Tonnen.

chronisiertes Fünfgang-Allklauengetriebe. Bei einem Leergewicht von 5,3 Tonnen lag die zulässige Nutzlast des L 325 bei 6 Tonnen. Der Solowagen brachte es so auf ein maximales Gesamtgewicht von 11,3 Tonnen und das zulässige Lastzuggewicht lag bei 27,3 Tonnen. Mit diesen Daten passte das Modell, das es mit 4600 mm auch als Kipper und mit 3600 mm Radstand als Sattelschlepper gab, nicht mehr so richtig in die Landschaft, da die Anforderungen an Nutzlast und Motorleistung Mitte der 1950er-Jahre bereits deutlich gestiegen waren. So spielten weder der L 325 noch sein Motor eine große Rolle in den Zukunftsplanungen der Gaggenauer Werksleitung. Diese richtete ihr Augenmerk längst auf den Nachfolger L 326 und seinen nahezu baugleichen Zwilling L 329.

Es ist dem verwirrenden Bezeichnungssystem geschuldet, dass der schwerere Zweiachser die niedrigere Ordnungsnummer erhielt: Während das Baumuster 326 das Mercedes-Angebot in der 16-Tonnen-Klasse darstellte, deckte der L 329 die in der Bundesrepublik seinerzeit maximal zulässige 12-Tonnen-Klasse ab. Diese beiden von außen nicht zu unterscheidenden Modelle bildeten bis zur Einführung des schweren Kurzhaubers L 337 im Jahr 1959 das eher mäßige Verkaufszahlen erzielende Gaggenauer Einheitsprogramm.

Mit seinem auf 125 PS leistungsgesteigerten Sechszylinder-Diesel verfügte auch der L 325 über keine wirklich souveräne Motorisierung.

Hier gut zu sehen: Der Lufteinlass, bislang im Kotflügel platziert, war nun seitlich an den Motor verlegt worden.

Wie einst im Mai: schonend restaurierter L 325. (Foto: Ralf Weinreich)

Die Baureihe 325 wurde vor allem in den Varianten L, LK und LS verkauft. Ein solcher LS zieht einen Auflieger des Circus Boltini. Das Bild entstand am 24. Oktober 1966 beim Aufbau im Garten des Palais Soestdijk in der niederländischen Gemeinde Baarn. (Foto: Nationaal Archief, CC0)

Diese Flughafen-Feuerwehr für Pakistan ist ein LA 325 mit Metz-Aufbau. Allerdings fehlt hier das eigentlich charakteristische rechtsseitige Lufteinlassgitter über dem Kotflügel.

L 326: ursprünglich ein Exportmodell

Der L 326 mit einer Nutzlast von 8,5 Tonnen war als Nachfoger des 325 im Grunde genommen eine Variante des bisherigen L 315. Die technischen Unterschiede beschränkten sich in der Hauptsache – bei unverändertem Hinterachsdruck – auf den Anbau einer verkürzten Pritsche für weniger voluminöses, aber spezifisch schweres Ladegut. Dieser typische Gaggenauer Schwerlastwagen hatte den ebenso typischen Gaggenauer Einheitsmotor OM 326 unter der Haube. Der wichtigste Unterschied zu den anderen Modellen bestand in der Hinterachsauslegung. Diese – eine zweigeteilte »starre Tragachse mit Doppel-T-Profil«, wie es in der Fachsprache hieß – war eine Neuentwicklung mit ungewöhnlichem Stirnrad-Nabenantrieb. Bei dieser Konstruktion befand sich die letzte Übersetzungsstufe in der Radnabe, das maximale Drehmoment wirkte also unmittelbar auf die Antriebsräder. Das verminderte die Reibungsverluste im Differenzial und an den Steckachsen mit der Folge, dass diese Bauteile leichter ausgelegt werden konnten. Die Achsbefestigung erfolgte über Längsblattfedern samt Stützfedern. Diese 10-Tonnen-Achse war in Deutschland aber nur noch bis zum 31.12.1957 zulassungsfähig, was die Verkaufschancen des 16-Tonners schmälerte, denn jeder einheimische Spediteur, der einen L 326 anschaffte, musste damit rechnen, ihn Mitte 1960 verschrotten zu dürfen, weil dann der Bestandsschutz endete.

Der Serienanlauf des L 326 wurde auf April 1957 festgelegt. Gleichzeitig wurde erwogen, für bestimmte Exportmärkte den L 315 noch im Programm zu halten, dann allerdings mit dem OM 325-Motor.

Der L 326 – hier als Kipper – schloss eine Lücke im Nutzfahrzeug-Programm. Er war als Übergangstyp konzipiert und in erster Linie für den Export gedacht, gelangte dann aber auch in das Inlandsprogramm.

Dennoch wurde dieser schwere Langhauber, der beileibe nicht der wirtschaftlichste war, nach entsprechenden Modifikationen ab März 1957 auch im Inland verkauft – Verkaufsbeginn im Export war bereits der November 1956 gewesen. Daimler-Benz und die gesamte Lkw-Branche schöpften nämlich Hoffnung. Wiewohl die neuen rigiden Zulassungsvorschriften noch keine Gültigkeit erlangt hatten, bahnte sich schon die nächste Änderung an: Es mehrten sich die Anzeichen, dass die Bundesrepublik doch noch der Genfer Konvention von 1949 beitreten könnte. Der hatten sich fast alle europäischen Staaten angeschlossen, und diese sah für Lkw ein Gesamtgewicht von 32 Tonnen und eine Gesamtzuglänge von 18 Metern vor. Ob die 10-Tonnen-Achse tatsächlich auch für Deutschland kommen würde, schien aber zu dem Zeitpunkt noch nicht ganz sicher zu sein. Auf jeden Fall lockerte sich aber das enge Korsett an Vorgaben – Grund genug für den Daimler-Benz Vorstand, den L 326 auch auf dem heimischen Markt anzubieten.

Der L 326 war in sieben Ausführungen lieferbar, hier die Sattelschlepper-Version LS 326 mit einem Radstand von 3600 mm. Für den Export gab es eine praktisch identische Ausführung namens LS 354.

Den Serienanlauf terminierte der Vorstand für den Oktober 1956 mit einer Monatskapazität von zunächst 150 Fahrzeugen. Wegen der großen Achse und der engen Kabine wurde der Gaggenauer Hauber von der Unternehmensleitung jedoch nur noch als Übergangslösung angesehen. Es galt, das Marktsegment so lange zu besetzen, bis die modernen Kurzhauber mit 8-Tonnen Achse bereitstanden. Für bestimmte Exportmärkte wurde übrigens überlegt, den alten L 325 mit dem angestaubten OM 325-Motor noch weiterzubauen, ebenso dachte der Vorstand darüber nach, den L 326 im Export auch mit Benzinmotor anzubieten. Ob es dazu kam, lässt sich nicht mehr nachvollziehen. Ein kommerzieller Erfolg war der L 326 jedenfalls nicht: Zwischen 1956 und 1958 wurden von dem in zehn Ausführungen angebotenen Typ nicht mehr als 313 Einheiten gefertigt. Immerhin aber war der L 326 der erste Mercedes-Lkw mit 200 PS, denn unter seiner Haube wummerte der OM 326 mit 10,8 Litern Hubraum. Der Sechszylinder, umgerüstet und weiterentwickelt, hatte dann als OM 346 mit Direkteinspritzung noch eine lange Karriere vor sich.

Während die Motorabdeckung beim Frontlenker schallgedämmt war, durfte der OM 326 im Hauber ungestört rumoren: Für eine Dämmung zwischen Spritzwand und Motorraum hatte das Budget nicht gereicht. Hier der L 326/52 als Fahrgestell mit den bei Exportmodellen typischen Trilex-Felgen.

Die Kühlkoffer stammten meist von Blumhardt, die eigentliche Kühlanlage lieferte die US-Firma Thermo King, seinerzeit im Besitz von Westinghouse. 1957, als die Aufnahme entstand, hatte das Kühlaggregat noch einen Benzinantrieb. Erst im Folgejahr wurde auf Diesel umgestellt.

OM 326 – endlich ein leistungsstarker Motor

Zwar basierte das neu ausgelegte Aggregat auf dem schwachbrüstigen OM 315, hatte aber massiv von umfassenden Modifikationen profitiert. So gab es nun eine größere Bohrung von 128 mm, die in Verbindung mit dem unveränderten Kolbenhub von 140 mm einen auf 10,8 Liter erhöhten Hubraum ergab. Verdichtet mit 20,5:1, wurde die genannte Spitzenleistung von satten 200 PS bei 2200 Umdrehungen pro Minute erreicht. Der Drehmomentbestwert von 686 Nm stellte sich bei 1400/min ein. Zu den Vorzügen des neuen Motors gehörte der vergleichsweise flache Drehmomentverlauf im Bereich zwischen 1000 und 1700 Touren, was zu einer für die bisherigen Mercedes-Diesel eher untypischen Elastizität, also Durchzugkraft, führte. Trotz der Hubraumvergrößerung war der Motorblock gleichgeblieben. Die damit identischen Einbaumaße des Triebwerks machten es möglich, die bestehenden Hauber- und Frontlenkerkabinen weiterzuverwenden.

Erheblicher Aufwand war jedoch bei der Neuentwicklung der Zylinderköpfe getrieben worden. Diese waren einzeln abnehmbar und verfügten nun – äußerst modern und leistungsfördernd – über jeweils zwei Ein- und Auslassventile, was den Füllungsgrad erhöhte und den Gaswechsel beschleunigte. Außerdem war die Vorkammer in die Mitte des Zylinders verlegt worden, was sich positiv auf den Verbrauch auswirken sollte. Das gelang aber nur bedingt, sodass sich in der Folge die Kunden-Reklamationen wegen mangelnder Wirtschaftlichkeit des OM 326 häuften. Im Dezember 1958 wurde dieses Thema sogar auf Vorstandsebene diskutiert. Die Umstellung auf eine Direkteinspritzung schien hier die geeignete Lösung zu sein, zumal bereits entsprechende Versuche mit dem kleineren Motor OM 321 liefen. Der OM 326 war mit einem Papierluftfilter ausgestattet, Wasserpumpe und Lichtmaschine waren auf der linken Motorseite angeordnet, der Schmierölfilter rechts, ebenso der Wärmetauscher sowie der Motorpresser für die Druckluftanlage. Fachjournalisten lobten den klaren, übersichtlichen Aufbau des Aggregats und bezeichneten ihn als »eine zielbewusste Weiterentwicklung«. Ohne große Änderungen wurde der OM 326 bis zur Umstellung auf Direkteinspritzung weitergebaut.

L 329: maßgeschneidert für die neuen Bestimmungen

Im Lastenheft dieses L 325-Nachfolgers stand eigentlich nur eine Forderung: Er musste exakt die ab 1958 gültigen gesetzlichen Bestimmungen in puncto Gewichte und Dimensionen erfüllen. Das Modell darf daher als Musterbeispiel für ein Lastwagenmodell gelten, das mit Blick auf die in der zweiten Hälfte der Dekade gültigen Zulassungsbestimmungen neu ausgelegt werden musste. Solche Typen wurden auch als »Seebohm-Lkw« bezeichnet, denn der damalige Verkehrsminister verschärfte, um die Bundesbahn zu fördern, zusehends die Zulassungsrichtlinien. Das führte zu verschiedenen Interimsmodellen, die im Grunde genommen nur bis 1960 verkauft werden konnten, weil da schon wieder die nächste Änderung in Kraft trat.

So schob der L 329 zwar die vertraute lange Schnauze vor sich her, entsprach aber in seinen technischen Eckpunkten den neuen gesetzlichen Vorschriften, etwa in Sachen Motorleistung und Gesamtzuggewicht. Anders ausgedrückt: Die bisherigen Langhauber konnten nun als untermotorisiert gelten, umso mehr mit einem Zweiachs-Anhänger. Außerdem hatten sie aufgrund der gesetzlichen Längenbeschränkung auf maximal 14 Meter eine zu kleine Ladepritsche. Deren Länge war zwar nicht im Einzelnen definiert, aber wenn ein 8 Meter langer Lastwagen nicht mehr als eine 4,80 Meter lange Pritsche hat, dann können gerade einmal 60 % des Fahrzeugs zum Warentransport genutzt werden – eine Quote, die für deutsche Transportunternehmer verständlicherweise alles andere als attraktiv war. Tatsächlich diktierte der durch das Bundesverkehrsministerium geschaffene bun-

Gaggenau geriet ab Mitte der 1950er-Jahre in immer größere Bedrängnis: »Wir haben nur den 329«, so Gaggenau-Chef Moll, »und der ist eine Übergangslösung«.

L 329 — der starke Lastwagen der 6to-Klasse von

MERCEDES-BENZ

145 PS für 6,5 to Nutzlast – diese beiden Daten kennzeichnen die Vorzüge des Mercedes-Benz L 329. Die hohe Motorleistung, die geringen Betriebskosten und das außerordentlich günstige Verhältnis zwischen Nutzlast und Eigengewicht bestimmen die ausgeprägte Wirtschaftlichkeit dieses Lastwagens.

Der L 329 wird geliefert als Pritschenwagen. Als Sattelschlepper und Kipper, mit und ohne Allradantrieb.

In der zweiten Hälfte der 1950er wurde das Gaggenauer Lkw-Programm umstrukturiert. Der L 325 als schwerster Inlandstyp lief aus und wurde durch den L 329 ersetzt.

des deutsche Sonderweg seinerzeit den Zuschnitt der Angebotspaletten sämtlicher bedeutenden deutschen Lastwagenhersteller.

Außerdem musste der L 329 eine höhere Nutzlast aufweisen, denn die Mannheimer lieferten mit dem L 321 ein neuen mittelschweren Lkw, der mit seiner Nutzlast von 5,5 Tonnen dem bisherigen kleinen Gaggenauer bedenklich nahe rückte. Am Schwer-Lkw-Standort im Nordschwarzwald, wo man sich durch die restriktive Politik des Bundesverkehrsministeriums ohnehin stärker bedroht fühlte, fürchtete man um den Fortbestand des Lkw-Baus. Da der veraltete L 325 ein Auslaufmodell war – und um den Respektabstand zum L 321 wiederherzustellen –, mussten die Gaggenauer also auf 6,5 Tonnen aufrüsten und damit ein zulässiges Gesamtgewicht für den Solowagen von 12 Tonnen erreichen.

Darüber hinaus war zunächst angedacht, es bei der Motorleistung von 125 PS zu belassen. Damit wäre allerdings die bald in Kraft tretende Regel 6 PS/Tonne nicht zu realisieren gewesen, denn der Anhänger durfte nicht mehr wiegen als der Motorwagen. Bei einem statthaften Gesamtzuggewicht von 24 Tonnen musste die Motorleistung demnach mindestens 144 PS betragen. Also wurde der aus Kostengründen übernommene, betagte 8,3-Liter-Sechszylinder OM 315 auf eine Leistung von 145 PS bei 2100 Umdrehungen gebracht. Damit ergab sich ein

Die 329er (hier eine seltene Zugmaschine LS 329) waren von den primär für den Export gedachten, später aber auch auf dem deutschen Markt angebotenen L 326 optisch nicht zu unterscheiden.

Die Gleichteile-Strategie führte dazu, dass die Position der Scheinwerfer bei 12- und 16-Tonnern identisch war. Bei den vorangegangenen Typen 315 und 325 waren diese unterschiedlich platziert gewesen.

Nutzlastfaktor von 1,18:1, was damals gerade noch als üblich und ausreichend galt, von einigen Wettbewerbern aber schon überboten wurde. Die Kraftübertragung erfolgte über ein ZF-AK 6-55 Getriebe, verzögert wurde per Druckluft.

Da jedoch ersten Kalkulationen zufolge das Gesamtfahrzeug in der Produktion um 2000 Mark zu teuer geworden wäre, hatte der Vorstand bereits Anfang 1956 die Weisung erteilt, wo immer möglich, weitere Komponenten von den bewährten Langhaubern L 315 und L 325 zu übernehmen. Was im Fall der Hinterachse auch geschah: Sie stammte vom L 315. Dennoch sollte die Konstruktion noch weiter verbilligt werden. Das richtete den Blick auf die elektrische Ausrüstung, aber auch auf die Stoßdämpfer, auf die man schließlich ganz verzichtete.

Allerdings zeigte das neue Modell auch eine Reihe bedeutsamer Verbesserungen gegenüber dem Vorgänger. Dazu gehörten vor allem das modifizierte 321er-Fahrerhaus mit zwei Rückscheiben, endlich verstellbarem Fahrersitz, einem leichter bedienbaren Kupplungspedal sowie besserer Fahrerhaus-Be- und -entlüftung dank der Heizung des Zulieferer Dreiha. Eine zielgenauere ZF-Gemmer-Lenkung sorgte für bessere Spurhaltung. Die Fahrzeuge der ab Frühsommer 1957 eingeführten Baureihe wurden schließlich zu Einstandspreisen ab 37.280 Mark (Fahrgestell + Fahrerhaus) angeboten, was außerordentlich günstig war.

Konzipiert war der L 329 nicht für den Fern-, sondern in erster Linie für den Verteilerverkehr. Es gab ihn zunächst in sieben Ausführungen: Als L 329 Pritschenwa-

Daimler-Benz dürfte den L 329 im Wesentlichen nur noch als Allrad-Kipper für den schweren Baustellenverkehr verkauft haben, auch wenn im Prospekt noch zwei weitere Ausführungen präsentiert wurden.

gen (4600 mm Radstand), Kipper LK (4200 mm) und Sattelzugmaschine LS (3600 mm), dazu als Frontlenker mit Pritsche LP (3500 mm) sowie als Zugmaschine LPS (3000 mm). Dazu kamen eine LA- bzw. LAK-Ausführung mit Allradantrieb. Während es den Langhauber ab Werk nie mit Schlafkabine gab, konnte die Frontlenker-Zugmaschine sehr wohl mit einer solchen Schlafgelegenheit ausgestattet werden. Das Problem der etwas dezenten Motorisierung des neuen 6,5-Tonners löste man übrigens bereits kurz nach Serienanlauf: Nachdem die ersten Exemplare vermutlich noch mit dem leistungsgesteigerten OM 315 ausgeliefert worden waren, wechselte man kurzfristig zum 10,8 Liter großen OM 326, der für diesen Einsatzzweck auf 172 PS gedrosselt worden war.

Wie schon erwähnt, war eines zu diesem Zeitpunkt längst offensichtlich: Unter den gegebenen Umständen litten die schweren Gaggenauer Langhauber allesamt unter ihrem ungünstigen Nutzlastfaktor. Der machte sie – auch in den Augen des Vorstands – im Inland schon bei der Premiere allenfalls noch als Übergangslösung akzeptabel. Lediglich für die allradgetriebene Kipper-Variante LAK 329 sah man bei Daimler-Benz in der Bauwirtschaft noch eine gewisse Zukunft, zumal die Stuttgarter zunächst keine Bau-Kipper auf Basis der ab 1959 lieferbaren Kurzhauber im Programm hatten. Die waren zwar in der Entwicklung, doch der Serienanlauf der gesamten Kurzhauber-Familie hatte sich aus verschiedenen Gründen um mindestens zwei Jahre verzögert. Und weil ein moderner Allrad-Kipper weiterhin auf sich warten ließ, wurde der alte LAK mit der langen Haube noch eine Weile lang parallel zu den neuen schweren Kurzhaubern angeboten. Wirklich gut verkäuflich war dieser Baustellen-Lkw mit Meiller-Mulde aber kaum mehr, denn nicht nur das Werk, sondern vor allem auch die Kunden hielten ihn für ein betagtes Fahrzeug. Im Werk existierten daher Überlegungen, diesen Typ durch einen, wie es in offiziellen Quellen heißt, entsprechend »abgemagerten LAK 334« zu ersetzen. Dieser Wagen sollte im Verkauf dann als LAK 329 b angeboten werden.

Die letzten Langhauber gehörten zur Baureihe 334. Sie wurden bis Mitte 1961 gebaut; danach bediente Mercedes-Benz die Bauwirtschaft mit der Baureihe L 334 B. Diese Fahrzeuge entstammten aber der Kurzhauber-Familie. →

Erprobte Wirtschaftlichkeit - LK 334

Der motorhydraulische Dreiseitenkipper LK 334 wurde für schwere Arbeit konstruiert – für den harten Einsatz an der Baustelle und beim Straßenbau. Der LK 334, der seine Robustheit und seine Kraft seit Jahren im Ausland beweist, entspricht in Leistung, Gewicht und Abmessung der gesetzlichen Neuregelung. Damit können auch Sie sich die Vorzüge des LK 334 zunutze machen. Der entscheidende Vorzug für den Unternehmer ist die Wirtschaftlichkeit dieses Kippers; jahrelang transportiert er große Nutzlast mit hoher Durchschnittsgeschwindigkeit – der sichtbare Beweis dafür: Die hohe Tonnen-Kilometerleistung des LK 334.

MERCEDES-BENZ

Ihr guter Stern auf allen Straßen

ca. 8,9 to Nutzlast bei 16 to Gesamtgewicht
32 to Gesamtlastzuggewicht
192 PS Dieselmotor

Der LP 333 war der erste auf die speziellen deutschen Bestimmungen zugeschnittene Frontlenker. Als absehbar war, dass die Seebohm-Regeln fallen würden, wurde der spektakuläre Dreiachser nicht mehr weiterentwickelt. Damit blieb der L 334 der schwerste Inlands-Lkw aus Gaggenau.

L 334: Zweiachser mit 16 Tonnen

Auch wenn der legendäre Frontlenker-Dreiachser LP 333, auf den noch einzugehen sein wird, vor dem Hintergrund der gesetzlichen Regelungen eine Sonderstellung innerhalb des Modellprogramms einnahm, so war er nicht der einzige Mercedes-Benz Lastwagen, der auf ein zulässiges Gesamtgewicht von 16 Tonnen ausgelegt war: Für den Export gab es seit 1958 unter der Typbezeichnung L 334 einen zweiachsigen Langhauber.

Ein neu zu konzipierender 16-Tonner hatte den Daimler-Benz Vorstand schon eine ganze Weile beschäftigt. Wie genau er tatsächlich aussehen sollte, musste aber erst noch entschieden werden. Sicher war nur: Der aufwändig und kostspielig zu fertigende Gaggenauer LP 333 mit seiner doppelten Vorderachse sollte auf jeden Fall überflüssig werden. Zunächst dachte man nicht an einen Zweiachser, sondern leitete auf Basis von L 326/L 329 die Entwicklung dreier Varianten mit hinterem Doppelachsaggregat ein. Die erste sollte mit einem 125 PS starken Motor und einer Hinterachslast von 8 Tonnen aufwarten, die zweite 145 PS und 10 Tonnen Hinterachslast aufweisen und die dritte schließlich der zweiten Variante entsprechen, allerdings mit dem ungedrosselten Motor OM 326 mit 200 PS ausgestattet sein. Damit sollte eine Höchstgeschwindigkeit von 100 km/h erreicht werden. Auf die Agenda rückte außerdem ein Sattelschlepper, der mit 5-Tonnen-Achse vorn und 8-Tonnen-Achse hinten speziell für Nordamerika interessant sein und zudem für eine Auslastung der Gaggenauer Bänder sorgen konnte. Nichts von dem kam am Ende zum Tragen.

Letztlich entschieden sich die Verantwortlichen für die kostengünstigste Lösung: Angesichts der inzwischen nur noch geringen Verkaufszahlen von 16-Tonnern mit 8,5 bis 9 Tonnen Nutzlast taufte man Anfang 1958 den L 326 kurzerhand um in L 334, um diesen dann im Zuge der Weiterentwicklung mit den neuen Achsen der geplanten Baureihe L 347 zu versehen. Allerdings liefen unter dieser Ziffernfolge – um das ohnehin herrschende Typenbezeichnungs-Chaos komplett zu machen – auch Frontlenker-Lkw, die dann, je nach Gesamtgewicht 16 oder 19 Tonnen ein kleines »b« beziehungsweise »c« nachgestellt bekamen.

Offiziell war der nicht mehr taufrische 334 in zwei Sattelzugausführungen (Radstände 3600 und 4200 mm) sowie als Pritschenwagen (5200 mm) zu haben, doch lediglich der Allrad-Kipper LAK ließ sich noch einigermaßen vermarkten, wenn auch nur mangels geeigneter Alternativen im Mercedes-Sortiment. Als Motorisierung des Langhaubers kam der OM 326 zum Einsatz, womit der Gaggenauer Lastwagen allerdings auf Augenhöhe mit der Konkurrenz lag. Das 10,8-Liter-Sechszylinder-Triebwerk wurde als OM 326/I in leicht gedrosselter Ausführung mit 192 PS verwendet. Dieses Leistungsvolumen wurde selbst für einen 32-Tonnen-Zug als ausreichend angesehen. In Messwerten drückte sich das so aus: 0-70 km/h in 42 Sekunden für den beladenen Solowagen und 90 Sekunden für den Lastzug – »für ein modernes Nutzfahrzeug recht gute Werte«, wie ein zeitgenössischer Tester konstatierte. Dass auch das Durchzugsvermögen befriedigte, lag in erster Linie an der kurzen Hinterachsübersetzung von 1:8,38, und diese wiederum war eine Folge der Reifengröße 12 x 20, die lediglich für eine Höchstgeschwindigkeit von 80 km/h freigegeben war. Das in den schweren Zweiachsern verbaute Getriebe ZF-

Die Ausstattung des L 334 war etwas besser als bei den anderen Langhaubern, denn er verfügte über eine ZF-Gemmer-Lenkung mit Lenkhilfe. Vermutlich handelt es sich hier um ein Exportmodell für Afrika, denn vor allen dort war der Mercedes-Stern in Verbindung mit einem kleinen »Diesel«-Schriftzug am Kühler noch zu sehen.

Der L 334 hatte 19 Tonnen Gesamtgewicht. Als Antriebsquelle diente der bewährte OM 326, hier leicht auf 192 PS gedrosselt.

Der LK 334 als Muldenkipper in einer Anzeige im US-Magazin »Life«, 1958.

AK 6-70 hatte keine Synchronringe, aber eine spezielle Getriebeabstufung. Wahlweise war auch ein Nebenabtrieb erhältlich, was den 334 tatsächlich für einen Einsatz in der Bauwirtschaft prädestinierte.

Schließlich verschwanden nach der IAA 1961 mit dem LAK und dem L 334 auch die letzten Langhauber aus dem Mercedes-Benz Lkw-Programm. Bei allen in Gaggenau gebauten Haubenfahrzeugen handelte es sich nun um Kurzhauber. Zu diesem Zeitpunkt gab Daimler-Benz ebenfalls bekannt, den bisher in Gaggenau für den Export gebauten Kurzhauber L 327 künftig in Mannheim fertigen und auch auf dem deutschen Markt anbieten zu wollen. Damit wurde die traditionell vorgenommene Unterscheidung zwischen Lastwagen aus Mannheimer und Gaggenauer Produktion endgültig ad acta gelegt.

L 330, L 331, L 332: nur für Exportzwecke

Als Mitte 1957 die Gaggenauer Lkw-Typen L 315 (8 Tonnen Nutzlast) und L 326 (8,5 Tonnen) endgültig aus dem Programm fielen, sah Daimler-Benz Export-Chef Arnold Wychodil durchaus die Gefahr, wichtige Exportkunden zu verlieren. An ihre Stelle traten im September jenes Jahres die Export-Typen L 330 (7,5 Tonnen Nutzlast) als Nachfolger für den Typ L 325 (im Export mit 6,7 Tonnen) sowie im Oktober die neue Typenreihe L 331 (8,8 Tonnen). Angekündigt, aber noch nicht angelaufen, war zudem der Typ 332 (11 Tonnen), der dann im Januar 1958 startete. Alle Modelle gab es in 4x2- und 4x4-Ausführung, mit Radständen von 4600 oder 5200 mm, als Kipper mit Radstand 4200 mm und als Sattelzugmaschine (Gesamtzugge-

Der L 330 mit 13 Tonnen Gesamtgewicht war für deutsche Unternehmer nur als Solowagen interessant. Der eingebaute OM 315 leistete 135 SAE-PS – damit war er wegen der 1:1-Regelung von Zugwagen und Anhänger als Gespann zu schwach und zu schwer. Ansonsten war er ein typischer schwerer Gaggenauer, hatte eine Warmwasserheizung, ein Allklauen-Fünfganggetriebe und eine Druckluft-Vierradbremse. Die Bremsleistung konnte außerdem durch eine zusätzliche Motorbremse verstärkt werden.

wichte 24, 31 und 32 Tonnen). Die technischen Daten wichen leicht von denen der deutschen Modelle ab, was an den jeweiligen länderspezifischen Besonderheiten lag. Üblicherweise verließen sie lediglich als Fahrgestell mit Kabine und entsprechender Achskonfiguration das Werk.

Nach der Präsentation der Kurzhauber 1959 wurden Langhauber im Wesentlichen noch für den Export gebaut. Bei diesen Ausführungen (hier ein L 332) waren die sogenannten Trilex-Felgen an der Vorderachse üblich.

Um die Kapazitäten in Gaggenau auszulasten, war kurzfristig überlegt worden, den Bau von Sattelzugmaschinen (hier ein LS 331) für die USA zu forcieren.

Im L 332 mit einem zulässigen Gesamtgewicht von 18 Tonnen kam der OM 326 mit 188 SAE-PS zum Einsatz. In Sachen Kraftübertragung blieb es beim Sechsgang-Klauengetriebe. Erhältlich war das Modell mit Hinterachs- wie auch mit Allradantrieb in vier verschiedenen Radständen. Dieser Feuerwehr-Rüstwagen LAF 332 R10 mit 10-Tonnen-Kran und Metz-Aufbau wurde 1962 ausgeliefert.

Allradantrieb, Geländereifen, Tank mit Versteifungssicken: Schon auf den ersten Blick unterschied sich ein LA 331 von einer 4x2-Version.

Kapitel 7
Guter Stern auf allen Straßen

Daimler-Benz begnügte sich im Lkw-Bau der 1950er-Jahre zumeist damit, aus seinem bestehenden Baukasten neue Varianten aus dem Hut zu zaubern, wobei diese nicht zwangsläufig für deutsche Kunden bestimmt waren, aber in den Stammwerken gebaut wurden. Die ausländischen Montagewerke wurden dann jeweils mit Bausätzen beliefert.

Hierbei unterschied man zwischen drei Lieferumfängen: Standard (alle Teile, um einen Lkw fix und fertig zusammensetzen zu können), Lieferung mit unlackiertem, zerlegtem Fahrerhaus und Rahmen (die häufigste, weil platzsparendste Lieferart) sowie Restteil-Lieferung, also Kisten mit allem, was nicht vor Ort erzeugt werden konnte. Eng verknüpft mit der Langhauber-Geschichte ist die der »Nachbauwerke« in Argentinien, Brasilien und Indien.

Argentinien

Ursprünglich war das südamerikanische Land als Standort nicht unbedingt erste Wahl für einen europäischen Hersteller gewesen, die USA schienen naheliegender.

Der erste Mercedes-Benz Typ 170 D traf 1949 in Argentinien ein.

Argentinien war ziemlich rückständig, die Autos alt und verbraucht, das Schienennetz marode. Ein öffentlicher Nahverkehr existierte nicht. Doch das Land am Rio de la Plata hatte eine starke deutsche Kolonie – nicht selten mit höchst dubioser Vergangenheit – und einen Juan Manuel Fangio, der Mitte der 1950er-Jahre für Mercedes-Benz zwei Mal die Formel-1-Weltmeisterschaft holen sollte. Und es hatte einen Jorge Antonio. Der ehemalige Masseur hatte in der Nachkriegszeit einen märchenhaften Aufstieg hingelegt, eine erste Tranche an Mercedes-Fahrzeugen nach Argentinien verschifft und dort zu stolzen Preisen verkauft. Weil das Land aber gewaltigen Nachholbedarf hatte und keine eigene Industrie, verdiente er ein Vermögen, denn über den Bruder von Präsidentengattin Evita Peron hatte er Zugang zu höchsten Regierungskreisen erhalten.

In diesem Dunstkreis stieg er zum mächtigsten Wirtschaftsboss des Landes auf. Außerdem war der glühende Peronist Mercedes-Fan. Der Selfmade-Millionär sprach Ende 1950 in der Stuttgarter Konzernzentrale vor und warb für den Wirtschaftsstandort Argentinien, der nach wie vor ohne Fahrzeugfabrik war. Um die Industrialisierung voranzutreiben, war aber eine solche unabdingbar, und Daimler-Benz sollte sie bauen. Er scheint überzeugende Argumente gehabt zu haben, denn am 6. September 1951 kam es zur Gründung von Mercedes Benz Argentinien Ltd. Der Chef dieses ersten Auslandswerks der Stuttgarter hieß Jorge Antonio.

Die in San Martín nahe Buenos Aires gelegene Fertigungsstätte begann 1952 mit der Montage des L 3500 mit OM 312-Motor aus Teilesätzen. Alsbald folgten der L 312 und kurz darauf der L 6600 mit OM 315-Motor. Für den Taximarkt wurden Diesel-Limousinen des Typs 170 S montiert, dazu kamen die Nutzfahrzeug-Varianten Kombi, Kastenwagen und Pick-up. Auch die Unimog-Montage aus vom Stammhaus angelieferten Teilen war geplant. In weiteren Ausbauschritten sollte eine eigene Ersatzteilfertigung aufgezogen werden und in der Endphase auch die Komplettproduktion aus vor Ort gefertigten Komponenten. Pro Monat sollten 600 Fahrzeuge montiert werden, wobei klar war, dass der Standort eine weitere Expansion nicht zuließ. Allerdings wurde diese bald erforderlich, denn die Nachfrage entwickelte sich prächtig. So wurde in reichlich 40 Kilometern Entfernung in González Catán ein 8500 Quadratme-

Der L 3500/42 war der erste Lastwagen, der in Argentinien montiert wurde. Die Teile kamen in CKD-Kisten aus dem Werk in Mannheim. Foto um 1951.

In Argentinien wurden die Fahrzeuge zunächst nur montiert, nicht produziert. Die Umstellung auf Eigenproduktion erfolgte schrittweise. Aufnahme von 1960.

ter großes Grundstück gekauft, bebaut und mit einigen Pressen und Maschinen aus Stuttgart möbliert. Es lief nicht nur gut, sondern sensationell, und das Produktionsprogramm wurde ausgeweitet. Neu hinzu kamen der Haubenbus LO 3500 und der L 5400, die südamerikanische Ausführung des L 5500. Die Teile kamen nach wie vor per Frachter aus Deutschland, daher sahen die Lkw aus wie ihre deutschen Brüder.

1954 wurde in der Hauptstadt Buenos Aires eine neue Firmenzentrale eingeweiht, und auch Wirtschaftsminister Ludwig Erhard ließ sich beim Festbankett blicken. Ein Jahr später begann man mit dem Bau einer neuen Fabrik, die argentinische Tochter nabelte sich allmählich von der Konzernmutter ab, der Anteil an heimischen Komponenten wurde Schritt um Schritt erhöht. Getriebe zum Beispiel mussten bald nicht mehr in Deutschland eingepackt werden, die baute man nun selbst. Nachdem 1958 das neue Werk in Betrieb gehen konnte, startete die Produktion der mittelschweren Langhauber sowie der davon abgeleiteten Haubenbusse – der »Colectivos« – LO 311 und LO 312. Die Produktion des OM 321, auch als Industriemotor, lief an, und 1963 wurde die Fertigstellung des 10.000. Lkw Typ L 311/312 gefeiert. Die Langhauber-Produktion vor Ort endete 1965 mit der Montage des ersten südamerikanischen Kurzhaubers. Im Gegensatz zum deutschen Original hatte dieser aber anfangs den OM 312, später dann den OM 352 unter der kurzen Motorhaube und verfügte über eine Zweigang-Hinterachse.

Mindestens so wichtig wie Lkw waren für die Erschließung des Landes Omnibusse. Hier parkt ein Mercedes-Benz O 3500 in Mendoza (Alta Montana) vor der berühmten Christus-Statue, dem Schutzpatron der Anden.

Se exige grandes esfuerzos de los camiones, sobre todo, en las obras y en los terrenos intransitables. Y precisamente aquí están los camiones Mercedes-Benz en su elemento. En las más difíciles misiones demuestran diariamente, de nuevo, su capacidad de rendimiento y su seguridad. De estable, sólida y minuciosa fabricación, resisten esfuerzos extremos y transportan pesados cargamentos, incluso a campo través. Sus potentes motores Diesel son tan duraderos como económicos y tan robustos como todo el vehículo. Parcos en el consumo y de moderado entretenimiento, los camiones Mercedes-Benz prestan a todo empresario valiosos servicios durante muchos años y muchos kilómetros.

MERCEDES-BENZ

Brasilien: Südamerikas erste Lastwagenfabrik

Die Mercedes-Benz do Brasil S.A., die erste in Lateinamerika aufgebaute vollwertige Lastwagenfabrik, hervorgegangen aus einem 1952 gegründeten Montagewerk, nahm am 28. September 1956 den Betrieb auf, am 12. Oktober verließ der erste L 312 die Halle. Die Absatzplanungen sahen in den ersten Monaten eine Fertigung von 200 Lastwagen und 300 Motoren vor, ab 1957 sollten dann monatlich 500 Fahrzeuge, später 1000 Hauber gebaut werden. Schon nach drei Jahren entstanden fast 10.000 Laster und Busse pro Jahr, und zahlreiche Automobilzulieferer zogen nach. Auch andere deutsche Firmen folgten; Mitte der 1980er-Jahre gab es in dem Raum über 600 Firmen mit deutscher Beteiligung. Das Wirtschaftswachstum war gewaltig, schon Anfang der 1960er lag der »local content«, der Anteil an der Wertschöpfung aus einheimischer Fertigung bei 90 %. Das Werk selbst lag in São Bernardo do Campo, einer Vorstadt von São Paulo, das zum Zentrum der Autoindustrie werden sollte: Der Ford-Vertrieb war hier schon seit 1919 beheimatet, Volkswagen seit 1953 (und Karmann zog nach), Scania folgte 1957.

Zur Eröffnung des Mercedes-Werks kam alles, was in Brasilien Rang und Namen hatte, und aus Deutschland reisten der damalige Daimler-Benz Vorstandsvorsitzende Fritz Könecke und Export-Vorstand Arnold Wychodil an. Staatspräsident Juscelino Kubitschek ließ es sich nicht nehmen, Orden zu verteilen und kletterte freudestrahlend selber hinter das Steuer des ersten L 312 aus brasilianischer Fertigung. Das Werk der Deutschen war ihm der glänzende Beweis für den Erfolg seiner Politik der Import-Substitution, des Ersatzes Devisen fressender Einfuhren aus den Industrieländern durch eine einheimische Produktion. Und die Geschäfte liefen gut – so gut, dass die Brasilianer 1958 den L 312 durch den LP 321 ersetzten und auch die Produktion von Frontlenker-Bussen aufnahmen, die allerdings nicht den deutschen

Der L 312 mit dem Diesel OM 312, später dem OM 321, war der erste Daimler-Benz Lkw, der in Brasilien montiert wurde. Anfangs stammten die Teile ausschließlich aus deutscher Produktion.

Nach vierjährigem Hin und Her rollte am 28. September 1956 der erste original brasilianische Mercedes-Laster aus dem Werk São Bernardo do Campo.

Originalen entsprachen, sondern eher als freie, landestypische Interpretationen auf Basis verschiedener Mercedes-Fahrgestelle gelten durften. Der erste Kurzhauber aus brasilianischer Produktion erschien 1964.

Die Modelle der Baureihe 312 waren die ersten serienmäßig produzierten Lastwagen des Landes, die mit Dieselmotoren ausgestattet waren. 98 von 100 Lkw, die zu der Zeit in Brasilien unterwegs waren, wurden von Benzinmotoren angetrieben. Mit wachsendem Markterfolg wuchsen auch die Begehrlichkeiten, die brasilianische Daimler-Benz Tochter hätte gerne sowohl den »Tausendfüßler« LP 333 als auch einen LAP 331 gebaut. Doch das hätte bedeutet, dass Gaggenau auch die entsprechenden CKD-Teile hätte bereitstellen müssen, was angesichts der fehlenden Kapazitäten bei der Produktion von Achsen und Lenkungsteilen nicht möglich war. So lautete der Bescheid: »Sonderteile können unmöglich sofort zugeliefert werden«. Darüber hinaus wurde die

Fertigung bestimmter Varianten bereits gebauter Typen nicht genehmigt, etwa mittelschwere Dreiachser oder Sondertypen für die Armee. Mitunter existierten in Sindelfingen zwar bereits entsprechende Zeichnungen und sonstige Produktionsunterlagen, durften aber nicht nach Übersee geschickt werden.

Die Modelle der Baureihe 312 etablierten in Brasilien den Selbstzünder als bestgeeigneten Nutzfahrzeugantrieb: 98 von 100 Lkw, die seinerzeit vor Ort unterwegs waren, hatten einen Ottomotor unter der Haube.

MERCEDES - BENZ

Bis weit in die 1980er-Jahre war der Anteil an Handarbeit bei der Fahrzeugfertigung extrem hoch. So manufakturartig wie hier im Bild ging es aber nur in den Anfangstagen zu.

In Brasilien wurden nicht nur Langhauber gebaut, wohl aber dominierten die Nutzfahrzeuge. Interessant die beiden Busse im Hintergrund: ein O 6600 H, der Heckmotorbus mit Langhauber-Technik, davor der O 3500, der zur unverzichtbaren Stütze des öffentlichen Personennahverkehrs im Land wurde. Zeitweise hatte Mercedes-Benz do Brasil bei Omnibussen einen nationalen Marktanteil von über 80 %.

Ob antiker Lkw oder moderne E-Klasse – Mercedes-Benz hat in der brasilianischen Motorisierungsgeschichte tiefe Spuren hinterlassen.

Indien: nur gute Freunde

Während es sich bei den südamerikanischen Produktionsstätten um Firmen handelte, die früher oder später von der finanzstarken deutschen Konzernmutter übernommen wurden, lag die Situation beim indischen Partner Tata etwas anders: Geld hatten die Inder selbst genug. Daimler-Benz hatte im Frühjahr 1954 mit der Tata Engineering and Locomotive Company (Telco) in Bombay einen Rahmenlizenzvertrag abgeschlossen. Gegründet 1868, zu Zeiten, als Indien noch britische Kronkolonie war, war Tata zunächst eine Im- und Exportfirma, die allmählich zu einem Großunternehmen heranwuchs, das von Luxushotels über Lebensmittel bis hin zu Versicherungen so ziemlich alles anbot, was das Herz begehrte. Der mit der Schwermaschinensparte geschlossene Vertrag war zunächst auf 15 Jahre angelegt und sah die Montage der Langhauber L 3500/L 311 für den Inlandsmarkt vor, später kamen auch mittelschwere

Die fruchtbare Zusammenarbeit zwischen Tata und Daimler-Benz spiegelte sich sogar im sonst unantastbaren Markenemblem der Stuttgarter wider.

Ein Erfolg privater Wirtschaftshilfe

10 Jahre Tata Mercedes-Benz Nutzfahrzeuge

Produktion soll verdoppelt werden

Im Jahre 1954 schloß die Daimler-Benz AG mit der indischen Firma Tata Engineering & Locomotive Co. (Telco) einen Lizenz- und Fabrikationsvertrag. Es war ein Vertrag auf privatwirtschaftlicher Basis. Die Daimler-Benz AG schuf damit die Möglichkeit für den Ausbau eines Automobilwerkes in Jamshedpur, in dem heute jedes zweite in Indien zugelassene Nutzfahrzeug hergestellt wird.

Kapitalhilfe und Beratung

Die eine Seite dieser Wirtschaftshilfe ist eine Kapitalbeteiligung an der indischen Firma Telco. Die andere, vielleicht wichtigere Seite aber ist die aktive und dauernde Unterstützung des mit modernsten Maschinen ausgerüsteten aufstrebenden Tata Mercedes - Benz Automobilwerks Jamshedpur durch technische Beratung. Der unschätzbare Wert umfangreicher Produktionserfahrungen der Daimler-Benz AG floß und fließt noch immer in das indische Werk. So bei der Anschaffung von Maschinen, Einrichtungen und Materialien aller Art und vor allem bei der Ausbildung von Spezialisten und technischem Nachwuchs.

Der Nachwuchs ist gesichert

Das Tata Mercedes-Benz Automobilwerk beschäftigt nahezu 7.000 Mitarbeiter. Seit Produktionsbeginn sind in Jamshedpur mehr als 75.000 Lastkraftwagen und Omnibusse mit dem Mercedes-Stern hergestellt worden – ein einzigartiger Erfolg. Über 80 Prozent des Fahrzeugwertes sind heute indische Eigenfertigung.

Auf die Heranbildung eines qualifizierten technischen Nachwuchses wurde von Anfang an größter Wert gelegt. Die Ausbildung von Fachkräften erfolgte sowohl in Deutschland als auch in Indien selbst. In den Werken der Daimler-Benz AG haben bisher mehr als 600 Inder eine Spezialausbildung erhalten. In Indien selbst wurde im Werk Jamshedpur eine moderne Lehrwerkstatt errichtet, die nach deutschem Vorbild organisiert ist. Dort haben inzwischen bereits 2.400 Lehrlinge ihre dreijährige Lehrzeit beendet. 450 Lehrlinge werden jährlich neu aufgenommen. Die Lehrwerkstatt von Tata Mercedes-Benz hat in Indien nicht ihresgleichen und ist von der Regierung aufgefordert worden, ihre Ausbildungsunterlagen allen interessierten und neueinzurichtenden Lehrwerkstätten als Muster zur Verfügung zu stellen.

Produktionsziel: 24.000 Nutzfahrzeuge

Tata Mercedes-Benz Fahrzeuge beherrschen in Indien das Straßenbild. Ihr Marktanteil liegt bei 50 Prozent. Das Tata Mercedes-Benz Automobilwerk ist in stetiger Expansion. Die Jahresproduktion – zur Zeit rund 12.000 Nutzfahrzeuge – wird auf 24.000 Automobile erweitert. Damit rückt das Werk Jamshedpur in die Reihe der großen Nutzfahrzeughersteller der Welt vor.

Ein gutes Beispiel

Eine Vorstandsdelegation der Daimler-Benz AG, an ihrer Spitze Generaldirektor Baurat h.c. Dipl.-Ing. Walter Hitzinger, hat kürzlich anläßlich der 10-jährigen Zusammenarbeit mit der Firma Tata das Automobilwerk in Jamshedpur besucht. Besprechungen mit der Leitung des Tatakonzerns bestätigten die erfolgreiche und faire Partnerschaft, die allgemein als Vorbild
für die privatwirtschaftliche Zusa
arbeit in Indien gelten kann. Auc
liche indische Regierungsstellen br
in Gesprächen mit der Vorstandsd
tion von Daimler-Benz ihre Anerke
für die in Jamshedpur geleistete A
arbeit zum Ausdruck. Generaldirekt
rat h.c. Hitzinger erklärte vor der F
Daimler-Benz sei auch in Zukunft z
len Unterstützung der Tata Mercedes
Automobilproduktion in Indien berei
Zusammenarbeit deutscher Investor
privaten Firmen der Entwicklungs
erbringe in der Regel den größten
effekt.

DAIMLER-BENZ

Tue Gutes und rede darüber: Imageanzeige der Daimler-Benz AG aus dem Jahr 1964.

Frontlenker hinzu, die sich, abgesehen vom Firmenzeichen (das vom Vorstand in Stuttgart genehmigt werden musste), durch die zweigeteilte Frontscheibe anstelle der in Europa längst üblichen einteiligen auszeichneten. Der Mercedes-Hauber eroberte Indien im Sturm, der »Tata-Mercedes-Benz« galt als der Rolls-Royce unter Indiens Lkw und wurde unglaublich populär.

Wie alle Montagewerke bekam auch Indien zunächst abgelegte Ware. Aber Tata-India wollte schon 1960 seine Lkw mit eigenen Lenkungen nach Mercedes-Benz Muster ausstatten und bat um die entsprechende Erlaubnis. Stuttgart lehnte aber ab: Tata durfte erst zur Eigenfertigung umschwenken, als Daimler-Benz eine modernere Lenkung einsetzte. Das indische Werk stellte 1958 monatlich rund 600 Fahrzeuge her und begann in den 1960ern Lizenz-Laster ins benachbarte Sri Lanka (damals Ceylon) oder auch Indonesien zu exportieren. Nach Auslaufen des Originalvertrags mit Daimler-Benz nahm Tata den unverwüstlichen OM 312 zur Basis einer eigenen Motorenentwicklung, auch ein neues Fahrgestell hatte unverkennbar Mercedes-Wurzeln. Kurz gesagt: Die ersten echten Tatas waren umetikettierte Mannheimer.

Geplant war auf jeden Fall auch die Produktion von Kurzhaubern, populärer wurden aber die mittelschweren Frontlenker-Typen auf Basis des LP 1210 sowie die nach 1977 gebauten Hauber mit Kurzhauber-Technik und -Kabine, aber längerer, kantiger Motorabdeckung und ausgeprägten Kotflügeln.

Die in der Tata-Produktionsstätte im früheren Bombay montierten Langhauber waren rechts gelenkt und eroberten sich mit ihren Qualitäten einen exzellenten Ruf auf dem Subkontinent.

Langhauber auf allen Kontinenten

Der Unimog erwies sich als immer bedeutsamer für die Auslastung des Werks in Gaggenau. Auch im Export spielte er eine zunehmend größere Rolle: Hier ist der Mercedes-Benz Messestand bei einer Ausstellung in Pointe-Noir im Kongo im Jahr 1960 zu sehen. Der L 312 war ein weltweiter Exportschlager.

Rund fünf Jahre nach Kriegsende gelangten die ersten Mercedes-Lkw in den Iran. Damals hieß der vom Schah regierte Staat noch »Persien«.

Niederlassungen fanden sich oft noch nicht einmal in den größten Städten, aber in jedem Fall in der Hauptstadt: Mercedes-Benz Ausstellung in Teheran, Anfang der 1950er-Jahre. Neben dem L 3500 ist ein L 5000 zu erkennen.

Mercedes-Benz-Vertretung in Nairobi, Kenia, Auszubildender, 1952.

Langhauber für die ganze Welt: Ein L 312 an einer Tankstelle in Surabaya, Indonesien.

Marketing auf dem fünften Kontinent: Eine Flotte von zwölf L 3500 nach einer 1954 abgehaltenen Tagung australischer Lastwagenhändler in der Mercedes-Benz Vertretung Sydney.

Straßenszene von 1963 aus der Stadt Beira in Mosambik, damals noch in portugiesischem Kolonialbesitz: Mittagspause mit einem treue Dienste leistenden Langhauber.

Schwere Gaggenauer waren auf entfernt liegenden Exportmärkten ein wesentlich seltenerer Anblick als die kompakteren Mannheimer.

Anhang

Foto: Ralf Weinreich

IZ C 524H

Bilanz-Entwicklung des Gesamtunternehmens (alle Zahlen: in Millionen DM)							
	Grund-Kapital	Inlandumsatz	Auslandumsatz	Gesamtumsatz	Investitionen	Jahresüberschuss	Ausschüttung
1950	72	435	67	502	41	4,6	3,6
1955	72	925	510	1435	78	8,9	7,2
1960	270	1444	1027	2471	185	131	32
1965	507	2822	1653	4475	467	155	85
1970	761	6473	5202	11675	967	246	141
1975	1189	8102	10149	19051	1096	310	202
1980	1529	13855	17199	31054	2140	1102	297
1982	1529	13316	25589	38905	3626	921	350
1984	1699	14682	28823	43505	3592	1104	356

Automobil-Produktion der Daimler-Benz AG von 1945 bis 1986 (ohne Ausland)										
	Personenwagen (und davon abgeleitete Liefer-, Kranken- und Polizeiwagen)	Geländewagen (G-Reihe)	Transporter	Lastwagen	Klein-Omnibusse	Groß-Omnibusse	Unimog	MB-trac	Lastwagen-Teilesätze	Omnibus-Teilesätze
1945	–			1037						
1946	214			2019						
1947	1045			2406						
1948	5116			4688		82				
1949	17417			5517		398				
1950	33906			6914		1532				
1951	42222			11140		1081	1005			
1952	36824			13447		1592	3799		980	
1953	34975			12279		2173	1753		480	
1954	48816			13415		2161	2544		974	
1955	63683			17997		2296	4727		4648	
1956	69601		1037	20200	←	2035	4999		10104	
1957	80899		6438	17256	←	2922	5940		12092	150
1958	99209		9209	17785	←	3263	5391		20490	1344
1959	108440		8092	23945	←	3364	6766		19324	1097
1960	122684		8209	30412	←	4153	9450		20400	336
1961	137431		8901	28929	←	4182	9826		25344	1296
1962	146393		10140	29882	←	4196	10514		17868	1286
1963	153182		13373	33503	←	3778	10358		18898	–
1964	165532		14609	33805	←	3451	9596		27723	536
1965	174007		13784	36758	←	3560	8882		26222	812
1966	191625		13483	41424	←	4548	9339		40071	1542
1967	200470		14895	31533	←	4802	6416		34251	2182
1968	216284		17297	41960	←	6035	8368		38961	3326
1969	256713		24055	52988	2791	8296	12292		46643	4010
1970	280419		25672	65254	4061	9531	12185		28652	3676
1971	284230		29922	63459	2804	8047	8290		26160	2606
1972	323878		41072	63070	3698	10997	7393		29204	4472
1973	331682		51498	72962	5088	12100	7291	520	30310	2920
1974	340006		50782	81548	6605	13726	9044	1100	32594	1414
1975	350098		53396	105762	6572	13344	5986	1468	24488	2500
1976	370348		71784	98832	7425	12824	7671	2093	20836	5216
1977	401255		70615	95543	4421	11595	7395	2150	37838	6344
1978	393203		73814	81777	1657	8210	7302	1998	29240	9919
1979	421159	2508	80085	90008	1763	8529	8149	2001	32238	5927
1980	429078	6667	83977	99501	1841	9643	8201	1799	8300	9515
1981	440778	6455	69357	107142	2335	9647	7817	2113	2912	7706
1982	458345	6566	64473	101446	1466	7925	10497	2703	2200	6882
1983	476183	5662	63050	75845	908	7123	7100	3700	2874	9516
1984	478349	5532	60717	68008	901	5186	6108	3082	8696	5496
1985	541039	6303	62385	65407	1005	5345	6639	3611	17889	4896
1986	594080	5945	69485	61978	998	5084	6254	2956	7491	424

→ Stückzahl »Klein-Omnibusse« in Zahl der »Transporter« enthalten

Produktion												
	1945	**1946**	**1947**	**1948**	**1949**	**1950**	**1951**	**1952**	**1953**	**1954**	**1955**	**1956**
L 701	747	1497	2001	3805	2250							
L 311					2175	5532	8404	9608	4941	2863	2643	3200
LA 311						30	354	1022	389	317	251	161
LP 311											199	264
LAP 311												15
L 312									3074	5585	7377	14214
LA 312									236	1084	1526	1836
LP 312										66	305	539
LAP 312										6	31	9
LG 312												1
L 321												
LA 321												
LP 321												
LAP 321												
Ferner Teilesätze für Argentinien												
L 311								980	480	260	1040	
L 312												
Ferner Teilesätze für Brasilien												
L 312										218	228	1116
LP 312												768
LP 321												
Ferner Teilesätze für Indien												
L 312/L 910										224	2112	6008
LP 312/LP 910										272	1408	2028
LA 312/LA 910											60	184

1957	1958	1959	1960	1961	1962	1963	1964	1965	1966	1967	1968	1969	1970-1974	Gesamtzahl
														10300
2299	2458	2729	3717	1118										51687
132	142	101	75	10										2984
251	244	274	458	69										1759
21	60	13	33											142
10418	9837	7019	5363	20										64793
1117	355	342	444	1										6941
471	240	319	552	3										2495
11	5	5	6											73
10				276	178	264	74	76	350					1229
1034	2347	1448												4829
333	1338	1025												2696
158	2503	475												3136
	7	2												9
														2760
		630	3042	3456	2736		384	624	768	48				11688
4688	1920													8170
912														1680
336	1074	9830	5544	9470	3300	5200	6000	5000	11100					66254
3868	5168	5148	7604	8088	9108	9300	5952	4272	8616	3528	816	2400	10656	92868
1952	1644	2344	3116	3624	2640	2352	1200	576	432	240	480	1248	1296	26852
336	48	184	200	60	84	1896	4560	3648	2568	3648	768	288	4270	22802

	Mercedes-Benz L 701 (Nachbau Opel Blitz) 1945-1949	Mercedes-Benz Typ L 3250 (L311) 1949
Motor-Typ	Nachbau Opel Vergasermotor	Daimler-Benz OM 312 Vorkammer-Dieselmotor
Zylinderzahl	6 (Reihe)	6 (Reihe)
Bohrung x Hub	90 x 95 mm	90 x 120 mm
Hubraum	3630 ccm	4580 ccm
Leistung	73,5 PS bei 3200 U/min	90 PS bei 2800 U/min
Getriebe	5 Gang	5 Gang
Antrieb	Antrieb auf Hinterräder	Antrieb auf Hinterräder
Fußbremse	Hydraulisch, 4 Räder	Hydraulisch, 4 Räder
	Pritschenwagen	**Pritschenwagen**
Radstand	3600 mm	3600 mm
Gesamtmaße	6070 x 2265 x 2115 mm (Höhe über Fahrerhaus)	6565 x 2240 x 2325 mm (Höhe über Fahrerhaus)
Pritsche	3500 x 2125 mm	3800 x 2100 mm
Reifen	7,25/7,50 Tr oder 190 – 20 Zwillings-Hinterräder	7,50 – 20 Tr Zwillings-Hinterräder
Fahrgestellgewicht	1820 kg	2265 kg
Wagengewicht	2500 kg	2985 kg
Zuläss. Gesamtgewicht	5800 kg	6500 kg
Nutzlast	3300 kg	3515 kg
Höchstgeschwindigkeit	75 km/h	80 km/h
Verbrauch/100 km	25 Liter Benzin	17 Liter Diesel
Preis	DM 10200,–	
		L 3250 K: Kipper
Radstand		3600 mm
Gesamtmaße		6185 x 2240 x 2325 mm (Höhe über Fahrerhaus)
Pritsche		3200 x 2100 mm
Reifen		7,50 – 20 Tr Zwillings-Hinterräder
Fahrgestellgewicht		2500 kg
Wagengewicht		3100 kg
Zuläss. Gesamtgewicht		6500 kg
Radstand		
Fußbremse		
Reifen		
Fahrgestellgewicht		
Schleppergewicht		
Nutzlast		
Radstand		
Fußbremse		
Reifen		
Bemerkungen		

Mercedes-Benz Typ L 3500 1950-1954 Typ L 311 1955-1961	Mercedes-Benz Typ L 3500 1950-1954 Typ L 311 1955-1961	Mercedes-Benz Typ LA 3500 1950-1954 Typ LA 311 1955-1961	Mercedes-Benz Typ LP 3500 1953-1954 Typ LP 311 1955-1961
Daimler-Benz OM 312			
Vorkammer-Dieselmotor			
6 (Reihe)			
90 x 120 mm			
4580 ccm			
90 PS bei 2800 U/min bzw. (ab 1956) 100 PS bei 3000 U/min			
5 Gang			
Antrieb auf Hinterräder	Antrieb auf Hinterräder	Allrad-Antrieb (abschaltbar)	Antrieb auf Hinterräder
Hydraulisch, 4 Räder	Hydraulisch, 4 Räder	Hydraulisch, 4 Räder	Hydraulisch, 4 Räder
z. T. Druckluft-Servohilfe	z. T. Druckluft-Servohilfe	z. T. Druckluft-Servohilfe	z. T. Druckluft-Servohilfe
Pritschenwagen	**Pritschenwagen**	**Pritschenwagen**	**Frontlenker-Pritschenwagen**
3600 oder 4200 mm	3600 oder 4200 mm	3600 oder 4200 mm	3600, 4200 oder 4830 mm
6565 (7265) x 2240 x 2325 mm	6565 (7265) x 2240 x 2325 mm	6265 (7265) x 2240 x 2420 mm	6500-8700 x 2230 mm
(Höhe über Fahrerhaus)	(Höhe über Fahrerhaus)	(Höhe über Fahrerhaus)	
3800 (4500) x 2100 mm	3800 (4500) x 2100 mm	3500 (4500) x 2100 mm	
7,50 – 20 Tr	8,25 – 20 Tr	8,25 – 20 Gelände	7,50 – 20 oder 8,25 – 20 Tr
Zwillings-Hinterräder	Zwillings-Hinterräder	Zwillings-Hinterräder	Zwillings-Hinterräder
2265 (2305) kg	2355 (2395) kg	2585 (2655)kg	2480-2690 kg
2985 (3125)kg	3050 (3190) kg	3345 (3465) kg	
6700 kg	7100 bzw. (ab 1952) 7800 kg	7100, Gelände 6600 kg	7000 kg
3500 kg	4000 bzw. (ab 1952) 4500 kg	3500, Gelände 3000 kg	
80 km/h	80 km/h	80 km/h	80 km/h
17 Liter Diesel	17,5 Liter Diesel	18 Liter Diesel	17-17,5 Liter Diesel
DM 16500,–		DM 22000,–	
L 3500 K Kipper	**L 3500 K Kipper**	**LA 3500 K Kipper**	
3600 mm	3600 mm	3600 mm	
6185 x 2240 x 2260 mm	6185 x 2240 x 2260 mm	6185 x 2300 x 2420 mm	
(Höhe über Fahrerhaus)	(Höhe über Fahrerhaus)	(Höhe über Fahrerhaus)	
3200 x 2100 mm	3200 x 2100 mm	3200 x 2100 mm	
7,50 – 20 Tr	8,25 – 20 Tr	8,25 – 20 Gelände	
Zwillings-Hinterräder	Zwillings-Hinterräder	Zwillings-Hinterräder	
2500 kg	2615 kg	2690 kg	
3400 kg	3515 kg	3900 kg	
6700 kg	7000 kg	7100 kg	
	L 3500 Sa Sattelschlepper	**LA 3500 Sa Sattelschlepper**	
	(lieferbar bis 1952)	(lieferbar bis 1952)	
	3200 mm	3200 mm	
	Hydraulisch, 4 Räder	Hydraulisch, 4 Räder	
	Druckluft-Servohilfe	Druckluft-Servohilfe	
	8,25 – 20 Tr	8,25 – 20 Gelände	
	Zwillings-Hinterräder	Zwillings-Hinterräder	
	2650 kg	2585 kg	
	12500 kg	12500 kg	
	7000-7500 kg		
L 3500 F Fahrgestell für Feuerwehr-Fahrzeuge	**L 3500 F Fahrgestell für Feuerwehr-Fahrzeuge**	**LA 3500 F Fahrgestell für Feuerwehr-Fahrzeuge**	
3600 mm	4200 mm	3600 oder 4200 mm	
Hydraulisch, 4 Räder	Hydraulisch, 4 Räder	Hydraulisch, 4 Räder	
z. T. Druckluft-Servohilfe	Druckluft-Servohilfe	Druckluft-Servohilfe	
7,50 – 20 Tr	8,25 – 20 Tr	8,25 – 20 Gelände	
Zwillings-Hinterräder	Zwillings-Hinterräder	Zwillings-Hinterräder	
Ab 1952 alle Ausführungen der Typenreihe L 3500 auf Wunsch mit Motorbremse (Druckluft, Auspuffklappe) lieferbar	Ab 1954 auch Fahrgestelle mit Radstand 4830 mm für Sonderaufbauten		LAP 311 (1956-1960): Frontlenker-Pritschenwagen mit Allrad-Antrieb, Radstand 3600 oder 4200 mm, nur wenige Exemplare

	Mercedes-Benz Typ L 4500 (L 303) 1945-1948	Mercedes-Benz Typ L 5000 (L 303) 1949-1952	Mercedes-Benz L 5000 (L 303) 1952-1953 L 5500 (L 303) 1953-1954
Motor-Typ	Daimler-Benz OM 67/4 Vorkammer-Dieselmotor		Daimler-Benz OM 67/8 Vorkammer-Dieselmotor
Zylinderzahl	6 (Reihe)		6 (Reihe)
Bohrung x Hub	105 x 140 mm		105 x 140 mm
Hubraum	7270 ccm		7270 ccm
Leistung	112 PS bei 2250 U/min		120 PS bei 2100 U/min
Getriebe	5 Gang		5 Gang
Antrieb	Antrieb auf Hinterräder		Antrieb auf Hinterräder
Fußbremse	Zweikreis-Anlage Hydraulisch, Vorderräder		Zweikreis-Anlage Hydraulisch, Vorderräder
Motorbremse	Druckluft, Hinterräder		Druckluft, Hinterräder Druckluft, Auspuffklappe
	Pritschenwagen	**Pritschenwagen**	**Pritschenwagen**
Radstand	4600 mm	4600 mm	4600 mm
Gesamtmaße	8000 x 2360 x 2570 mm (Höhe über Fahrerhaus)	8000 x 2460 x 2430 mm (Höhe über Fahrerhaus)	8000 x 2460 x 2450 mm (Höhe über Fahrerhaus)
Pritsche	5000 x 2220 mm	5000 x 2300 mm	5000 x 2300 mm
Reifen	270 – 20 extra Zwillings-Hinterräder	10,00 – 20 Zwillings-Hinterräder	10,00 – 20 eHD (oder auch 11,00 – 20 eHD) Zwillings-Hinterräder
Fahrgestellgewicht	4250 kg	4250 kg	4250 kg
Wagengewicht	5300 kg	5450 kg	5450 kg
Zuläss. Gesamtgewicht	10500 kg	10500 kg	11000 (12000) kg
Nutzlast	4500 kg	5000 kg	5000 (6000) kg
Höchstgeschwindigkeit	62 km/h	62 km/h	62 km/h
Verbrauch/100 km	24 Liter Diesel	25 Liter Diesel	23 Liter Diesel
Preis	DM 22700,–	DM 28000,–	DM 28000,–
		L 5000 K Kipper	**L 5000 K Kipper**
Radstand		4600 mm	4600 mm
Gesamtmaße		7445 x 2350 x 2430 mm (Höhe über Fahrerhaus)	7445 x 2350 x 2450 mm (Höhe über Fahrerhaus)
Pritsche		4000 x 2200 mm	4000 x 2200 mm
Reifen		10,00 – 20 Zwillings-Hinterräder	10,00 – 20 eHD (oder auch 11,00 – 20 eHD) Zwillings-Hinterräder
Wagengewicht		5750 kg	5750 kg
Zuläss. Gesamtgewicht		10500 kg	11000 (12000) kg
Nutzlast		5000 kg	5000 kg
Radstand			
Zuläss. Lastzuggewicht			
Bemerkungen		L 5000 F: Fahrgestell für Feuerwehr-Fahrzeuge L 5000 M: Müllwagen Radstand 4600 mm Inhalt 10 m^3 L 5000 Ko: Fahrgestell für Kommunalfahrzeuge L 5000 Sa: Sattelzug-maschine, Radstand 3600 mm	

	Mercedes-Benz Typ L 321 1957-1959	Mercedes-Benz Typ LP 321 1957-1959	Mercedes-Benz Typ LA 321 1957-1959
Motor-Typ		Daimler-Benz OM 321	
		Vorkammer-Dieselmotor	
Zylinderzahl		6 (Reihe)	
Bohrung x Hub		95 x 120 mm	
Hubraum		5100 ccm	
Leistung		110 PS bei 3000 U/min	
Getriebe		5 Gang	
Antrieb	Antrieb auf Hinterräder	Antrieb auf Hinterräder	Allrad-Antrieb (abschaltbar)
Fußbremse	Hydraulisch, 4 Räder	Hydraulisch, 4 Räder	Hydraulisch, 4 Räder
	Druckluft-Servohilfe	Druckluft-Servohilfe	Druckluft-Servohilfe
	L 321 Pritschenwagen	**LP 321 Pritschenwagen**	**LA 321 Pritschenwagen**
		(Frontlenker)	
Radstand	3600, 4200 oder 4830 mm	3200, 3600, 4200 oder 4830	3600 oder 4200 mm
Gesamtmaße	6660-8360 x 2300 x 2325	6425-8700 x 2500 x 2440 mm	6360 (7360) x 2300 x 2520 mm
	(Höhe über Fahrerhaus)	(Höhe über Fahrerhaus)	(Höhe über Fahrerhaus)
Pritsche	3800 (4500, 5500) x 2100 mm	4500-7350 x 2100 mm	3500 (4500) x 2100 mm
Reifen	8,25 – 20 eHD verst.	8,25 – 20 eHD verst.	8,25 – 20 eHD verst.
	Zwillings-Hinterräder	Zwillings-Hinterräder	Zwillings-Hinterräder
Fahrgestellgewicht	2640-2790 kg	2700-2900 kg	2935 (2995) kg
Wagengewicht	3475-3755 kg	3665-3830 kg	3740 (3850) kg
Zuläss. Gesamtgewicht	9250 kg	9250 kg	9250 kg
Nutzlast	5230-5430 kg	5400-5600 kg	5500 (5400) kg
Zuläss. Lastzuggewicht	18300 kg	18300 kg	18300 kg
Höchstgeschwindigkeit	77 km/h	77 km/h	77 km/h
Verbrauch/100 km	19 Liter Diesel	19 Liter Diesel	20 Liter Diesel
Preis	DM 21500,–	DM 22500,–	DM 25500,–
	LK 321 Kipper	**LPK 321 Kipper (Frontlenker)**	**LAK 321 Kipper**
Radstand	3200 oder 3600 mm	3200 mm	3200 oder 3600 mm
Gesamtmaße	5875 (6315) x 2300 x 2325		5875 (6315) x 2300 x 2520
	(Höhe über Fahrerhaus)		(Höhe über Fahrerhaus)
Pritsche	2900 (3400) x 2100 mm		2900 (3400) x 2100 mm
Wagengewicht	3820 (3900) kg		4100 (4200) kg
Nutzlast	5000 kg		5000 kg
	LS 321 Sattelzugmaschine	**LPS 321 Sattelzugmaschine**	**LAS 321 Sattelzugmaschine**
		(Frontlenker)	
Radstand	3200 oder 3600 mm	3200 oder 3600 mm	3200 oder 3600 mm
Zuläss. Lastzuggewicht	18300 kg	18300 kg	18300 kg
Bemerkungen		LAP 321: Pritschenwagen (Frontlenker) mit Allrad-Antrieb Radstand 3200, 3600 oder 4200 mm Nur wenige Exemplare LAPS 321: Sattelzugmaschine (Frontlenker) mit Allrad-Antrieb Radstand 3200 oder 3600 mm Nur wenige Exemplare	

Produktion										
Typ	1945	1946	1947	1948	1949	1950	1951	1952	1953	1954	1955
L 303	290	522	405	893	1092	1202	1090	662	1145	155	
L 325										825	1582
L 330											
L 315 (304)						150	1292	2155	2494	2248	2670
LP 315 (304)										79	686
LA 315 (304)										187	727
LG 315 (304)											
L 331											
LP 331											
LA 331											
Brasilien:											
LP 331											
L 329											
LP 329											
LA 329											
L 326											
LP 326											
L 334											
LP 334											
L 332											
LA 332											
LP 332											
LP 333 (16 t)											
LP 333 (20 und 22,5 t)											

1956	1957	1958	1959	1960	1961	1962	1963	1964	1965	Gesamtzahl
										7446
2443	1050									**5900**
	128	760	446	416	104					**1854**
1451	920	355								**13735**
1074	641									**2480**
240	110									**1264**
508	1136	385	1824	1434		1381	946	669		**8283**
	28	177	104							**309**
	9	73	112							**194**
	11	44	17							**72**
		1236	948							**2184**
232	178	426	74							**910**
	127	340	162							**629**
	57	86	131	88	420	242				**1024**
21	269	23								**313**
	200	80								**280**
		183	180	401	423	20				**1207**
	5	23	55	144	87	62	48			**424**
		444	456	717	981	189				**2787**
		34	87	145	158	56				**480**
				73	115	39				**227**
		396	416	595	344					**1751**
		3	32	37	10					**82**

	Mercedes-Benz Typ L 4500 1953-1954 Typ L 312 1955-1961	Mercedes-Benz Typ LA 4500 1953-1954 Typ LA 312 1955-1961	Mercedes-Benz Typ LP 4500 1954 Typ LP 312 1955-1961
Motor-Typ	Daimler-Benz OM 312		
	Vorkammer-Dieselmotor		
Zylinderzahl	6 (Reihe)		
Bohrung x Hub	90 x 120 mm		
Hubraum	4580 ccm		
Leistung	90 PS bei 2800 U/min bzw. (ab 1956) 100 PS bei 3000 U/min		
Getriebe	5 Gang		
Antrieb	Antrieb auf Hinterräder	Allrad-Antrieb (abschaltbar)	Antrieb auf Hinterräder
Fußbremse	Hydraulisch, 4 Räder	Hydraulisch, 4 Räder	Hydraulisch, 4 Räder
	Druckluft-Servohilfe	Druckluft-Servohilfe	Druckluft-Servohilfe
	Pritschenwagen	**Pritschenwagen**	**Frontlenker-Pritschenwagen**
Radstand	3600 oder 4200 mm	3600 oder 4200	3600, 4200 oder 4830 mm
Gesamtmaße	6565 (7265) x 2240 x 2325 mm	6265 (7265) x 2300 x 2420 mm	6500 (7435, 8730) x 2230 mm
	(Höhe über Fahrerhaus)	(Höhe über Fahrerhaus)	
Pritsche	3800 (4500) x 2100 mm	3500 (4500) x 2100 mm	
Reifen	8,25 – 20 Tr	8,25 – 20 Gelände	8,25 – 20 Tr
	Zwillings-Hinterräder	Zwillings-Hinterräder	Zwillings-Hinterräder
Fahrgestellgewicht	2415 (2470) kg	2800 (2870) kg	2500 (2550, 2640) kg
Wagengewicht	3220 (3300) kg	3380 (3480) kg	
Zuläss. Gesamtgewicht	8100 kg bzw. (mit Reifen	Straße 7800, Gelände 7200 kg	8100 kg
	8,25 – 20 eHD verst.) 8500 kg		
Nutzlast	4500 kg	Straße 4000, Gelände 3500 kg	
Höchstgeschwindigkeit	75 km/h	75 km/h	75 km/h
Verbrauch/100 km	18 Liter Diesel	19 Liter Diesel	18 Liter Diesel
Preis	DM 19500,–	DM 23500,–	
	L 4500 K, LK 312 Kipper	**LA 4500 K, LAK 312 Kipper**	
Radstand	3600 mm	3600 mm	
Gesamtmaße	6220 x 2100 x 2325 mm	6220 x 2100 x 2420 mm	
	(Höhe über Fahrerhaus)	(Höhe über Fahrerhaus)	
Pritsche	3400 x 2100 mm	3400 x 2100 mm	
Reifen	8,25 – 20 Tr	8,25 – 20 Gelände	
	Zwillings-Hinterräder	Zwillings-Hinterräder	
Fahrgestellgewicht	2800 kg		
Zuläss. Gesamtgewicht	8100 kg		
Nutzlast	4500 kg	4500 kg	
	L 4500 Sa bzw. LS 312	**LA 4500 Sa bzw. LAS 312**	**LP 4500 Sa bzw. LPS 312**
	Sattelzugmaschine	**Sattelzugmaschine**	**Frontlenker-Sattelzugmaschine**
Radstand	3600 mm	3600 mm	3200 oder 3600 mm
Reifen	8,25 – 20 Tr	8,25 – 20 Gelände	8,25 – 20 eHD
	Zwillings-Hinterräder	Zwillings-Hinterräder	Zwillings-Hinterräder
Zuläss. Lastzuggewicht	16000 kg		
Bemerkungen	Ab 1954 auch Fahrgestell	LG 312:	
	mit Radstand 4830 mm	Geländegängiger Militär-Lkw	
	für Sonderaufbauten	Vorserie 1957, Serie 1961-1966	
	LM 312: Müllwagen Radstand 3600 mm	Radstand 3600 oder 4200 mm	

Ab 1957 als Sonderausstattung oder für Export auch mit Dieselmotor OM 321 (95 x 120 mm, 5100 ccm, 110 PS bei 3000 U/min)

Mercedes-Benz Typ L 325 1954-1957	Mercedes-Benz Typ L 330 (Export) 1957-1961
Daimler-Benz OM 325	Daimler-Benz OM 315/II
Vorkammer-Dieselmotor	Vorkammer-Dieselmotor
6 (Reihe)	6 (Reihe)
105 x 140 mm	112 x 140 mm
7270 ccm	8280 ccm
125 PS bei 2200 U/min	125 PS bei 2100 U/min
5 Gang	5 Gang
Antrieb auf Hinterräder	Antrieb auf Hinterräder
Zweikreis-Anlage	Druckluft, 4 Räder
Hydraulisch, Vorderräder	
Druckluft, Hinterräder	
Druckluft, Auspuffklappe	Druckluft, Auspuffklappe
Pritschenwagen	**Pritschenwagen**
4600 mm	4600 mm
8160 x 2500 x 2450 mm	8200 x 2500 x 2470 mm
(Höhe über Fahrerhaus)	(Höhe über Fahrerhaus)
5000 x 2350 mm	4800 x 2350 mm
10,00 – 20 eHD (oder auch	10,00 – 20 eHD (oder auch
10,00 – 20 eHD verst.)	10,00 – 20 eHD verst.)
Zwillings-Hinterräder	Zwillings-Hinterräder
4250 kg	4250 kg
5450 kg	5450 kg
11300 (12000) kg	12000 (13000) kg
5850 (6550) kg	6550 (7550) kg
70 km/h	75 km/h
23 Liter Diesel	23 Liter Diesel
DM 28000,–	
LK 325 Kipper	**LK 330 Kipper**
4200 mm	4200 mm
7240 x 2500 x 2450 mm	7290 x 2500 x 2470 mm
(Höhe über Fahrerhaus)	(Höhe über Fahrerhaus)
4000 x 2200 mm	4000 x 2200 mm
10,00 – 20 eHD verst.	10,00 – 20 eHD verst.
Zwillings-Hinterräder	Zwillings-Hinterräder
5750 kg	5850 kg
12000 kg	13000 kg
6250 kg	7150 kg
LS 325 Sattelzugmaschine	**LS 330 Sattelzugmaschine**
3600 oder 4200 mm	3600 mm
27300 -28000 kg	28000 kg
	(mit Zweiachs-Anhänger)
LF 325: Fahrgestell für Feuerwehrfahrzeuge Radstand 4600 mm	
LM 325: Müllwagen Radstand 4600 mm	
L 325 Pritschenwagen mit reduzierter Nutzlast für die Schweiz weiterhin als Typ L 5000 lieferbar	L 330 Pritschenwagen auch mit Radstand 5200 mm

	Mercedes-Benz Typ L 6600 (L 304) 1950-1954	Mercedes-Benz Typ L 315 (L 304) 1954-1958	Mercedes-Benz Typ LP 315 (LP 304) 1954-1957
Motor-Typ		Daimler-Benz OM 315 Vorkammer-Dieselmotor	
Zylinderzahl		6 (Reihe)	
Bohrung x Hub		112 x 140 mm	
Hubraum		8280 ccm	
Leistung		145 PS bei 2100 U/min	
Getriebe		6 Gang	
Antrieb		Antrieb auf Hinterräder	
Fußbremse		Druckluft, 4 Räder	
Motorbremse		Ab 1952: Druckluft, Auspuffklappe	
	L 6600 Pritschenwagen	**L 315 Pritschenwagen**	**LP 315 Pritschenwagen (Frontlenker)**
Radstand	4600 oder 5200 mm	4600 oder 5200 mm	4200 mm
Gesamtmaße	8200 (9200) x 2500 x 2480 mm (Höhe über Fahrerhaus)	8280 (9280) x 2500 x 2480 mm (Höhe über Fahrerhaus)	8450 x 2500 x 2850 mm (Höhe über Fahrerhaus)
Pritsche	5000 (6000) x 2350 mm	5000 (6000) x 2350 mm	6000 x 2350 mm
Reifen	11,00 – 20 eHD (oder auch 10,00 – 20 eHD) Zwillings-Hinterräder	11,00 – 20 eHD (oder auch 11,00 – 20 eHD verst.) Zwillings-Hinterräder	11,00 – 20 eHD Zwillings-Hinterräder
Fahrgestellgewicht	4800 kg	4800 kg	4900 kg
Wagengewicht	6500 kg	6500 kg	6700 kg
Zuläss. Gesamtgewicht	12550 kg	12550 kg	14900 kg
Zuläss. Gesamtzuggewicht	32750 kg	37250 kg	38900 kg
Höchstgeschwindigkeit	70 km/h	70 km/h	72 km/h
Verbrauch/100 km	24 Liter Diesel	24 Liter Diesel	24 Liter Diesel
Preis	DM 34000,–	DM 34000,–	DM 35200,–
	L 6600 K Kipper	**LK 315 Kipper**	**LPK 315 Kipper (Frontlenker)**
Radstand	4600 mm	4200 oder 4600 mm	3600 mm
Gesamtmaße	Mit 4 Meter-Pritsche: 7680 x 2500 x 2480 mm Mit 4,5 Meter-Pritsche: 7900 x 2500 x 2480 mm (Höhe über Fahrerhaus)		7130 x 2500 x 2850 (Höhe über Fahrerhaus)
Pritsche	4000 oder 4500 x 2200 mm	4000 (4500) x 2200 mm	4500 x 2200 mm
Reifen	11,00 – 20 eHD Zwillings-Hinterräder	11,00 – 20 eHD (oder auch 11,00 – 20 eHD verst.) Zwillings-Hinterräder	11,00 – 20 eHD verst. Zwillings-Hinterräder
Fahrgestellgewicht	4500 bzw. (ab 1953) 4750 kg	4750 kg	
Wagengewicht	6600 bzw. (ab 1953) 6850 kg	6850 kg	
Zuläss. Gesamtgewicht	12500 bzw. (ab 1953) 13250 kg	13250 kg	14900 kg
	L 6600 Sa Sattelzugmaschine	**LS 315 Sattelzugmaschine**	**LPS 315 Sattelzugmaschine (Frontlenker)**
Radstand	3600 mm	3600 oder 4200 mm	3600 mm
Gesamtmaße	6175 x 2500 x 2480 mm (Höhe über Fahrerhaus)		
Pritsche	Auflieger: 9000 mm		
Reifen	11,00 oder 12,00 – 20 eHD Zwillings-Hinterräder	11,00 – 20 eHD (oder auch 11,00 – 20 eHD verst.) Zwillings-Hinterräder	11,00 – 20 eHD verst. Zwillings-Hinterräder
Zuläss. Gesamtgewicht			
mit Einachs-Sattelauflieger	22750 kg		25775 kg
mit Zweiachs-Sattelauflieger	30000 kg		30900 kg
Bemerkungen	LA 6600, LA 6600 K und LA 6600 Sa: Allrad-Antrieb		Fahrgestell mit Radstand 4600 mm für Sonderaufbauten

	Mercedes-Benz Typ LA 315 (LA 304) 1954-1957	Mercedes-Benz Typ LG 315 (LG 304) 1956-1964	Mercedes-Benz Typ L 315 S (L 304 S) 1956-1957
Motor -Typ		Daimler-Benz OM 315 Vorkammer-Dieselmotor	
Zylinderzahl		6 (Reihe)	
Bohrung x Hub		112 x 140 mm	
Hubraum		8280 ccm	
Leistung		145 PS bei 2100 U/min	
Getriebe	6 Gang + Vorgelege	6 Gang + Vorgelege	6 Gang
Antrieb	Allrad-Antrieb (abschaltbar)	Allrad-Antrieb (abschaltbar)	Antrieb auf 2 Hinterräder (Schleppachse ohne Antrieb)
Fußbremse	Druckluft, 4 Räder	Zweikreis-Druckluft, 4 Räder	Druckluft, 6 Räder
Motorbremse	Druckluft, Auspuffklappe	Druckluft, Auspuffklappe	Druckluft, Auspuffklappe
	LA 315 Pritschenwagen	**LG 315 Pritschenwagen**	**L 315 S Pritschenwagen mit Schleppachse**
Radstand	4600 mm	4600 mm	4600 + 1400 mm
Gesamtmaße	8280 x 2500 x 2580 mm (Höhe über Fahrerhaus)	8140 x 2500 x 3100 mm (Höhe über Fahrerhaus)	9780 x 2500 x 2480 mm (Höhe über Fahrerhaus)
Pritsche	5000 x 2350 mm	5000 x 2350 mm	6500 x 2350 mm
Reifen	11,00 – 20 eHD Zwillings-Hinterräder	14,00 – 20 eHD verst. M Hinterräder einfachbereift	11,0 – 20 eHD (oder auch 11,00 – 20 verst.) Zwillings-Hinterräder
Fahrgestellgewicht	5400 kg		
Wagengewicht	6600 kg	7700 kg	8250 kg
Zuläss. Gesamtgewicht	13800 kg	12850 kg	
Zuläss. Lastzuggewicht	37800 kg		20600 (25000) kg
Höchstgeschwindigkeit	70, Allrad 46 km/h	70, Allrad 46 km/h	70 km/h
Verbrauch/100 km	Straße 27 Liter Diesel	Straße 27 Liter Diesel	27 Liter Diesel
	LAK 315 Kipper		**Nur für Export!**
Radstand	4200 oder 4600 mm		
	LAS 315 Sattelzugmaschine		
Radstand	3600 oder 4200 mm		

	Mercedes-Benz Typ L 331 (Export) 1957-1959	Mercedes-Benz Typ LP 331 (Export) 1957-1959	Mercedes-Benz Typ LA 331 (Export) 1957-1959
Motor-Typ	Daimler-Benz OM 326/II bzw. (ab 1958) OM 326/IV Vorkammer-Dieselmotor		
Zylinderzahl	6 (Reihe)		
Bohrung x Hub	128 x 140 mm		
Hubraum	10810 ccm		
Leistung	150 PS bei 2000 U/min bzw. (ab 1958) 172 PS bei 2200 U/min		
Getriebe	6 Gang	6 Gang	6 Gang + Vorgelege
Antrieb	Antrieb auf Hinterräder	Antrieb auf Hinterräder	Allrad-Antrieb (abschaltbar)
Fußbremse	Druckluft, 4 Räder	Druckluft, 4 Räder	Druckluft, 4 Räder
Motorbremse	Druckluft, Auspuffklappe	Druckluft, Auspuffklappe	Druckluft, Auspuffklappe
	Pritschenwagen	**Frontlenker-Pritschenwagen**	**Pritschenwagen**
Radstand	5200 mm	4200 oder 4600 mm	4600 oder 5200 mm
Gesamtmaße	8500 x 2500 x 2550 mm (Höhe über Fahrerhaus)	7850 (8460) x 2400 x 2800 mm (Höhe über Fahrerhaus)	7900 (9065) x 2500 x 2600 mm (Höhe über Fahrerhaus)
Pritsche	5400 x 2350 mm	5900 (6500) x 2350 mm	4800 (6000) x 2350 mm
Reifen	11,00 – 20 eHD verst. Zwillings-Hinterräder	11,00 – 20 eHD verst. Zwillings-Hinterräder	11,00 – 20 eHD verst. Zwillings-Hinterräder
Fahrgestellgewicht	4840 kg	4830 (4870) kg	5400 (5500) kg
Wagengewicht	6150 kg	6400 (6590) kg	6650 (6950) kg
Zuläss. Gesamtgewicht	15000 kg	15000 kg	15000 kg
Höchstgeschwindigkeit	75 km/h	80 km/h	75, Allrad 50 km/h
	LK 331 Kipper		**LAK 331 Kipper**
Radstand	4600 mm		4200 mm
Gesamtmaße	7265 x 2500 x 2550 mm (Höhe über Fahrerhaus)		7115 x 2500 x 2600 mm (Höhe über Fahrerhaus)
Pritsche	4000 x 2200 mm		4000 x 2200 mm
Wagengewicht	6550 kg		7150 kg
Zuläss. Gesamtgewicht	15000 kg		15000 kg
	LS 331 Sattelzugmaschine	**LPS 331 Frontlenker- Sattelzugmaschine**	**LAS 331 Sattelzugmaschine**
Radstand	3600 mm	3000 mm	3600 mm
Gesamtmaße	6100 x 2500 x 2590 mm (Höhe über Fahrerhaus)	5320 x 2400 x 2850 mm (Höhe über Fahrerhaus)	6200 x 2500 x 2650 mm (Höhe über Fahrerhaus)
Zuläss. Lastzuggewicht	31000 kg (mit Zweiachs-Sattelauflieger)	31000 kg (mit Zweiachs-Sattelauflieger)	31000 kg (mit Zweiachs-Sattelauflieger)

Foto: Ralf Weinreich

Zahl der Mitarbeiter								
Jahresende	**1950**	**1955**	**1960**	**1965**	**1970**	**1975**	**1980**	**1984**
Zentrale Untertürkheim	864	1724	3213	3903	5613	6533	8810	9931
Werk Untertürkheim	7447	10805	14049	15663	20 33	22095	25565	27215
Werk Sindelfingen	9444	12504	19620	21446	26440	30955	37194	41300
Werk Mannheim	4422	8635	11437	11681	12 22	12900	14619	14494
Werk Wörth	–	–	–	2600	6952	8687	10192	10743
Werk Gaggenau	4211	5501	7605	8201	9020	8680	9354	9682
Werk Bremen	–	–	–	–	3924	4099	6515	10254
Werk Düsseldorf	–	–	–	4116	4932	4401	5118	6404
Werk Kassel	–	–	–	–	5663	3838	4341	4177
Werk Berlin-Marienfelde	553	1214	1868	2621	2522	2886	3252	3302
Werk Hamburg-Harburg	–	–	–	–	2184	1736	2535	2479
Werk Bad Homburg	–	–	307	506	613	692	855	893
Hannover	–	–	–	–	1078	568		
Niederlassungen	3905	5843	9422	11108	15059	14705	17182	16375
Daimler-Benz AG	**30846**	**46226**	**67521**	**81845**	**116985**	**122775**	**145532**	**157249**
Daimler-Benz Konzern								
Ausland						26597	37209	41829
Inland						123145	146323	158043
Gesamtzahl					**144372**	**149742**	**183532**	**199872**

Foto: Ralf Weinreich

	Mercedes-Benz Typ L 329 1956 -1957	Mercedes-Benz Typ LA 329 1957	Mercedes-Benz Typ LP 329 1957
Motor-Typ		Daimler-Benz OM 315	
		Vorkammer-Dieselmotor	
Zylinderzahl		6 (Reihe)	
Bohrung x Hub		112 x 140 mm	
Hubraum		8280 ccm	
Leistung		145 PS bei 2100 U/min	
Getriebe		6 Gang	
Antrieb	Antrieb auf Hinterräder	Allrad-Antrieb (abschaltbar)	Antrieb auf Hinterräder
Fußbremse	Druckluft, 4 Räder	Druckluft, 4 Räder	Druckluft, 4 Räder
Motorbremse	Druckluft, Auspuffklappe	Druckluft, Auspuffklappe	Druckluft, Auspuffklappe
	L 329 Pritschenwagen		**LP 329 Pritschenwagen**
	(Haubenwagen)		**(Frontlenker)**
Radstand	4600 mm		3500 mm
Gesamtmaße	8200 x 2500 x 2470 mm		7100 x 2500 x 2750 mm
	(Höhe über Fahrerhaus)		(Höhe über Fahrerhaus)
Pritsche	4800 x 2350 mm		5000 x 2350 mm
Reifen	10,00 – 20 eHD		10,00 – 20 eHD
	Zwillings-Hinterräder		Zwillings-Hinterräder
Fahrgestellgewicht	4000 kg		4420 kg
Wagengewicht	5500 kg		5700 kg
Nutzlast	6500 kg		6300 kg
Zuläss. Gesamtgewicht	12000 kg		12000 kg
Zuläss. Lastzuggewicht	28000 kg		28000 kg
Höchstgeschwindigkeit	80 km/h		80 km/h
Verbrauch/100 km	23 Liter Diesel		23 Liter Diesel
Preis	DM 31000,–		DM 35000,–
	LK 329 Kipper	**LAK 329 Kipper**	
Radstand	4200 mm	4200 mm	
Gesamtmaße	7300 x 2400 x 2470 mm	7400 x 2400 x 2550 mm	
	(Höhe über Fahrerhaus)	(Höhe über Fahrerhaus)	
Pritsche	4000 x 2200 mm	4000 x 2200 mm	
Reifen	10,00-20 eHD	10,00-20 eHD verst.	
	Zwillings-Hinterräder	Zwillings-Hinterräder	
Fahrgestellgewicht	4370 kg	5160 kg	
Wagengewicht	6000 kg	6790 kg	
Nutzlast	6000 kg	6560 kg	
Zuläss. Gesamtgewicht	12000 kg	13750 kg	
Zuläss. Lastzuggewicht	28000 kg	29350 kg	
	LS 329 Sattelschlepper	**LAS 329 Sattelschlepper**	**LPS 329 Sattelschlepper**
Radstand	3600 mm	3600 mm	3000 mm
Gesamtmaße	6175 x 2480 x 2470 mm	6175 x 2480 x 2550 mm	5290 x 2400 x 2750 mm
	(Höhe über Fahrerhaus)	(Höhe über Fahrerhaus)	(Höhe über Fahrerhaus)
Reifen	10,00 – 20 eHD	10,00 – 20 eHD	10,00 – 20 eHD
	Zwillings-Hinterräder	Zwillings-Hinterräder	Zwillings-Hinterräder
Zuläss. Lastzuggewicht	28000 kg	28000 kg	28000 kg

Mercedes-Benz Typ L 329 1958-1959	Mercedes-Benz Typ LA 329 1958-1962	Mercedes-Benz Typ LP 329 1958-1959
	Daimler-Benz OM 326	
	Vorkammer-Dieselmotor	
	6 (Reihe)	
	128 x 140 mm	
	10810 ccm	
	172 PS bei 2200 U/min	
	6 Gang	
Antrieb auf Hinterräder	Allrad-Antrieb (abschaltbar)	Antrieb auf Hinterräder
Druckluft, 4 Räder	Druckluft, 4 Räder	Druckluft, 4 Räder
Druckluft, Auspuffklappe	Druckluft, Auspuffklappe	Druckluft, Auspuffklappe
L 329 Pritschenwagen		**LP 329 Pritschenwagen**
(Haubenwagen)		**(Frontlenker)**
4600 mm		3500 oder 4000 mm
8200 x 2500 x 2460 mm		7050 (8050) x 2500 x 2740 mm
(Höhe über Fahrerhaus)		(Höhe über Fahrerhaus)
4800 x 2350 mm		5000 (6000) x 2350 mm
9,00 – 20 eHD verst.		9,00 – 20 eHD verst.
Zwillings-Hinterräder		Zwillings-Hinterräder
4300 kg		4310 (4390) kg
5400 kg		5600 (5800) kg
6600 kg		6430 (6350) kg
12000 kg		12000 kg
24000 kg		24000 kg
82 km/h		82 km/h
23 Liter Diesel		23 Liter Diesel
DM 31000,–		DM 35000,–
LK 329 Kipper	**LAK 329 Kipper**	
4200 mm	4200 mm	
7300 x 2480 x 2460 mm	7400 x 2480 x 2550 mm	
(Höhe über Fahrerhaus)	(Höhe über Fahrerhaus)	
4000 x 2200 mm	4000 x 2200 mm	
9,00 – 20 eHD verst.	10,00 oder 11,00 – 20 eHD v.	
Zwillings-Hinterräder	Zwillings-Hinterräder	
4260 kg	5160 bzw. 5400 kg	
5870 kg	6790 bzw. 7030 kg	
6100 kg	5120 bzw. 7570 kg	
12000 kg	12000 bzw. 14600 kg	
24000 kg	24000 bzw. 28600 kg	
LS 329 Sattelschlepper	**LAS 329 Sattelschlepper**	**LPS 329 Sattelschlepper**
3600 mm	3600 mm	3000 oder 3500 mm
6175 x 2480 x 2460 mm	6175 x 2480 x 2540 mm	5300 (5800) x 2400 x 2800 mm
(Höhe über Fahrerhaus)	(Höhe über Fahrerhaus)	(Höhe über Fahrerhaus)
9,00 – 20 eHD verst.	9,00 – 20 eHD verst.	9,00 – 20 eHD verst.
Zwillings-Hinterräder	Zwillings-Hinterräder	Zwillings-Hinterräder
24000 kg	24000 kg	24000 kg

	Mercedes-Benz Typ L 326 1956-1958	Mercedes-Benz Typ LP 326 1957-1958	Mercedes-Benz Typ L 334 (Export) 1958-1962	Mercedes-Benz Typ LP 334 (Export) 1957-1963
Motor-Typ	Daimler-Benz OM 326			
	Vorkammer-Dieselmotor			
Zylinderzahl	6 (Reihe)			
Bohrung x Hub	128 x 140 mm			
Hubraum	10810 ccm			
Leistung	192 bis 200 PS bei 2200 U/min			
Getriebe	6 Gang			
Antrieb	Antrieb auf Hinterräder			
Fußbremse	Druckluft, 4 Räder			
Motorbremse	Druckluft, Auspuffklappe			
	L 326 Pritschenwagen (Hauben-Ausführung)	**LP 326 Pritschenwagen (Frontlenker-Ausführung)**	**L 334 Pritschenwagen (Hauben-Ausführung)**	**LP 334 Pritschenwagen (Frontlenker-Ausführung)**
Radstand	5200 mm	4600 oder 5200 mm	5200 mm	4600 mm
Gesamtmaße	8540 x 2500 x 2550 mm	8000 (8275) x 2500 x 2900 mm	8340 x 2500 x 2550 mm	8090 x 2500 x 2900 mm
	(Höhe über Fahrerhaus)	(Höhe über Fahrerhaus)	(Höhe über Fahrerhaus)	(Höhe über Fahrerhaus)
Pritsche	5400 x 2350 mm	6000 (6300) x 2350 mm	5200 x 2350 mm	6400 x 2350 mm
Reifen	11,00 oder 12,00 – 20 eHD verst.	12,00 – 20 eHD verst.	12,00 – 20 PR 18	12,00 – 20 PR 18
	Zwillings-Hinterräder	Zwillings-Hinterräder	Zwillings-Hinterräder	Zwillings-Hinterräder
Fahrgestellgewicht	5000 kg	5120 (5230) kg	5400 kg	5450 kg
Wagengewicht	6400 kg	6800 (7100) kg	6765 kg	7100 kg
Nutzlast	8600 kg	9200 (8900) kg		
Zuläss. Gesamtgewicht	15000 bzw. 16000 kg	16000 kg	18500 -19000 kg	18500 -19000 kg
Zuläss. Lastzuggewicht	32000 - 40000 kg	32000 - 40000 kg	32000 kg	32000 kg
Höchstgeschwindigkeit	70 km/h	70 km/h	77 km/h	77 km/h
Verbrauch/100 km	30, Lastzug 40 Liter Diesel	30, Lastzug 40 Liter Diesel	30, Lastzug 40 Liter Diesel	30, Lastzug 40 Liter Diesel
Preis		DM 45000,–		
	LK 326 Kipper		**LK 334 Kipper**	
Radstand	4600 mm		4600 mm	
Gesamtmaße	7340 x 2500 x 2550 mm		7340 x 2500 x 2550 mm	
	(Höhe über Fahrerhaus)		(Höhe über Fahrerhaus)	
Pritsche	4000 x 2350 mm		4000 x 2350 mm	
Wagengewicht	6680 kg		7115 kg	
Zuläss. Gesamtgewicht	15000 bzw. 16000 kg		18500 -19000 kg	
	LK 326 Muldenkipper			
Radstand	3600 mm			
	LS 326 Sattelzugmaschine		**LS 354 Sattelzugmaschine**	**LPS 354 Sattelzugmaschine**
Radstand	3600 mm		3600 oder 4200 mm	3000 mm
Zuläss. Lastzuggewicht	32000 kg		32000 kg	32000 kg
Nutzlast			etwa 21000 kg	etwa 21000 kg

	Mercedes-Benz Typ L 332 (Export) 1958-1962	Mercedes-Benz Typ LA 332 (Export) 1958-1962	Mercedes-Benz Typ LP 332 (Export) 1960-1962
Motor-Typ		Daimler-Benz OM 326 Vorkammer-Dieselmotor	
Zylinderzahl		6 (Reihe)	
Bohrung x Hub		128 x 140 mm	
Hubraum		10810 ccm	
Leistung		172 PS bei 2200 U/min	
Getriebe		6 Gang	
Antrieb	Antrieb auf Hinterräder	Allrad-Antrieb (abschaltbar)	Antrieb auf Hinterräder
Fußbremse	Druckluft, 4 Räder	Druckluft, 4 Räder	Druckluft, 4 Räder
Motorbremse	Auf Wunsch: Druckluft, Auspuffklappe	Auf Wunsch: Druckluft, Auspuffklappe	Auf Wunsch: Druckluft, Auspuffklappe
	L 332 Pritschenwagen (Hauben-Ausführung)	**LA 332 Pritschenwagen (Hauben-Ausführung)**	**LP 332 Pritschenwagen (Frontlenker-Ausführung)**
Radstand	4600 oder 5200 mm	4600 oder 5200 mm	5200 mm
Pritsche	4700 (5800) x 2350 mm	5000 (6200) x 2350 mm	6300 x 2350 mm
Gesamtmaße	7760 (8860) x 2500 x 2600 mm (Höhe über Fahrerhaus)	8100 (9300) x 2500 x 2650 mm (Höhe über Fahrerhaus)	8500 x 2500 x 2830 mm (Höhe über Fahrerhaus)
Reifen	12,00 – 20 PR 18 oder Michelin F 20 Zwillings-Hinterräder	12,00 – 20 PR 18 oder Michelin F 20 Zwillings-Hinterräder	12,00 – 20 PR 18 oder Michelin F 20 Zwillings-Hinterräder
Fahrgestellgewicht	5015 (5055) kg	5645 (5735) kg	5200 kg
Wagengewicht	6250 (6530) kg	6920 (7230) kg	7130 kg
Zuläss. Gesamtgewicht	17500 kg	17500 kg	18000 kg
Nutzlast	11 t	10 t	10,5 t
	LK 332 Kipper	**LAK 332 Kipper**	
Radstand	4200 mm	4200 mm	
Pritsche	4000 x 2350 mm	4000 x 2350 mm	
Gesamtmaße	7110 x 2500 x 2600 mm (Höhe über Fahrerhaus)	7230 x 2500 x 2650 mm (Höhe über Fahrerhaus)	
Wagengewicht	6780 kg	7410 kg	
Zuläss. Gesamtgewicht	17500 kg	17500 kg	
	LS 332 Sattelzugmaschine	**LAS 332 Sattelzugmaschine**	**LPS 332 Sattelzugmaschine**
Radstand	3600 mm	3600 mm	3500 mm
Zuläss. Lastzuggewicht	32500 kg	32500 kg	34000 kg

	Mercedes-Benz O 3250 (O 311), 1949 O 3500 (O 311), 1950-1955	Mercedes-Benz OP 3500, 1953-1955 OP 311, 1955-1961	Mercedes-Benz OP 312, 1956-1968
Bauart	Hauben-Omnibus mit Niederrahmen	Frontlenker-Omnibus-Fahrgestell mit Niederrahmen und Fahrersitz neben dem Motor	
Motor-Typ	Daimler-Benz OM 312 Vorkammer-Dieselmotor	Daimler-Benz OM 312 Vorkammer-Dieselmotor	Daimler-Benz OM 321 Vorkammer-Dieselmotor
Zylinderzahl	6 (Reihe)	6 (Reihe)	6 (Reihe)
Bohrung x Hub	90 x 120 mm	90 x 120 mm	95 x 120 mm
Hubraum	4580 ccm	4580 ccm	5100 ccm
Leistung	90 PS bei 2800 U/min	90 PS bei 2800 U/min bzw. (ab 1956) 100 PS bei 3000 U/min	110 PS bei 3000 U/min
Getriebe	5 Gang	5 Gang	5 Gang
Fußbremse	Hydraulisch, 4 Räder Druckluft-Servohilfe	Hydraulisch, 4 Räder Druckluft-Servohilfe	Hydraulisch, 4 Räder Druckluft-Servohilfe
Radstand	4830 mm	4830 mm	4830 mm
Gesamtmaße	8630 bzw. (ab 1954 auch) 8910 x 2420 x 2800 mm		
Reifen	8,25 – 20 Tr Zwillings-Hinterräder	8,25 – 20 eHD Zwillings-Hinterräder	8,25 – 20 eHD Zwillings-Hinterräder
Fahrgestellgewicht	2800 kg	2900 kg	2930 kg
Wagengewicht	5650-5800 kg		
Zuläss. Gesamtgewicht	8000-8500 kg	8500-8600 kg	8600 kg
Sitzplätze	Reise-Omnibus: 29 oder 33 + 1 Sitze Stadt-Omnibus 45 Fahrgäste		
Höchstgeschwindigkeit	80 km/h		
Verbrauch/100 km	17 Liter Diesel		
Preis	ca. 38000 DM Fahrgestell ca. 18000 DM		

	Mercedes-Benz O 321 H 1954-1964	Mercedes-Benz O 321 HL 1956-1964	Mercedes-Benz O 322 1960-1961	Mercedes-Benz O 322 1961-1964
Bauart	Frontlenker-Omnibus mit selbsttragender Karosserie, Motor längs hinter der Hinterachse		Frontlenker-Omnibus mit selbsttragender Karosserie, Luftfederung und Motor längs hinter der Hinterachse	
Motor-Typ	Daimler-Benz OM 321 Vorkammer-Dieselmotor		Daimler-Benz OM 321 Vorkammer-Dieselmotor	Daimler-Benz OM 322 Vorkammer-Dieselmotor
Zylinderzahl	6 (Reihe)		6 (Reihe)	6 (Reihe)
Bohrung x Hub	95 x 120 mm		95 x 120 mm	97 x 128 mm
Hubraum	5100 ccm		5100 ccm	5675 ccm
Leistung	110 PS bei 3000 U/min		110 PS bei 3000 U/min	128 PS bei 2800 U/min
Getriebe	5 Gang		4 Gang oder ZF-Hydromedia	5 Gang
Fußbremse	Hydraulisch, 4 Räder, Druckluft-Servohilfe		Hydraulisch, 4 Räder, Druckluft-Servohilfe, dazu Motorbremse	
Radstand	4180 mm	5550 mm	5110 mm	
Gesamtmaße	9230 x 2500 x 2900 mm	10600 x 2500 x 2900 mm	9950 x 2500 x 2900 mm	
Reifen	8,25 – 20 Tr verst. Zwillings-Hinterräder	8,25 – 20 Tr verst. Zwillings-Hinterräder	9,00-20 eHD verst. Zwillings-Hinterräder	
Wagengewicht	5400 kg	5800 kg	6500 kg	
Zuläss. Gesamtgewicht	8700-9300 kg	9900 kg	12000 kg	
Sitzplätze	Reise-Omnibus 31-37 + 1 Stadt-Omnibus 60 Fahrgäste	Reise-Omnibus 41 oder 45 + 1 Stadt-Omnibus 75 Fahrgäste	Stadt-Omnibus 32 + 1 dazu bis 50 Stehplätze	
Höchstgeschwindigkeit	80 km/h	80 km/h	je nach Motor und Übersetzung 70 bis 90 km/h	
Verbrauch/100 km	17 Liter Diesel	17 Liter Diesel		
Preis	ca. 44000 bis 56000 DM	ca. 50000 bis 58000 DM	ca. 60 000 DM	
Bemerkungen	Ab 1962 wahlweise auch Daimler-Benz OM 322 Vorkammer-Dieselmotor 6 Zylinder, 97 x 128 mm, 5675 ccm, 126 PS bei 2800 U/min		Ab 1964 wahlweise auch Daimler-Benz OM 352 Direkteinspritz-Dieselmotor 6 Zylinder, 97 x 128 mm, 5675 ccm, 126 PS bei 2800 U/min	

	Mercedes-Benz O 4500 (O 303) 1948	Mercedes-Benz O 5000 (O 303) 1949 -1950	
Bauart	Hauben-Omnibus mit Niederrahmen		
Motor-Typ	Daimler-Benz OM 67/4 Vorkammer-Dieselmotor		
Zylinderzahl	6 (Reihe)		
Bohrung x Hub	105 x 140 mm		
Hubraum	7270 ccm		
Leistung	112 PS bei 2250 U/min		
Getriebe	5 Gang		
Fußbremse	Zweikreis-Anlage: Hydraulisch Vorderräder, Druckluft Hinterräder		
Radstand	5700 mm	5700 mm	
Gesamtmaße	10500 x 2450 x 3100 mm	10500 x 2450 x 3100 mm	
Reifen	270 – 20 extra Zwillings-Hinterräder	10,00 oder 11,00 – 20 Zwillings-Hinterräder	
Fahrgestellgewicht	4600 kg	4670 kg	
Wagengewicht	7150 kg	7200 kg	
Zuläss. Gesamtgewicht	10500 kg	11000 kg	
Sitzplätze	39 bis 47	39 bis 47 Stadt-Omnibus: 60 Fahrgäste	
Höchstgeschwindigkeit	62 km/h	65 oder 75 km/h	
Preis		ca. 48000 DM Fahrgestell ca. 26000 DM	

	Mercedes-Benz O 6600 (O 304) 1950 -1955	Mercedes-Benz O 6600 H (1951-1954) O 320 H (1955 -1958)	Mercedes-Benz OP 6600 (1953 -1955) OP 315 (1955 -1960)
Bauart	Hauben-Omnibus mit Niederrahmen	Frontlenker-Omnibus Motor quer hinter Hinterachse	Frontlenker-Omnibus Fahrgestell mit Niederrahmen Fahrersitz vorn neben Motor
Motor-Typ		Daimler-Benz OM 315 Vorkammer-Dieselmotor	
Zylinderzahl		6 (Reihe)	
Bohrung x Hub		112 x 140 mm	
Hubraum		8276 ccm	
Leistung		145 PS bei 2100 U/min	
Getriebe	6 Gang	6 Gang ZF-Media mit elektrischer Schaltung	6 Gang
Fußbremse	Druckluft, 4 Räder plus Motorbremse	Druckluft, 4 Räder plus Motorbremse	Druckluft, 4 Räder plus Motorbremse
Radstand	5700 mm	5480 mm	5700 mm
Gesamtmaße	10640 x 2500 x 3130 mm	11000 x 2500 x 3100 mm	
Reifen	11,00 – 20 eHD Zwillings-Hinterräder	11,00 – 20 eHD oder 11,00 – 20 eHD verst. Zwillings-Hinterräder	11,00 – 20 eHD Zwillings-Hinterräder
Fahrgestellgewicht	4900 kg	5370 bzw. 5410 kg	4980 kg
Wagengewicht	7650 - 7900 kg	9600 - 9850 kg	
Zuläss. Gesamtgewicht	12500 kg	13800 bzw. 14100 kg	13000 kg
Sitzplätze	37 oder 41 + 1 Stadt-Omnibus: 29 + 1 dazu 38 Stehplätze	44 bis 47 + 1 Stadt-Omnibus: dazu 10 oder 27 Stehplätze	
Höchstgeschwindigkeit	85 km/h	80 km/h	
Verbrauch/100 km	24 Liter Diesel	24 Liter Diesel	
Preis	ca. 60000 DM Fahrgestell ca. 35000 DM	ca. 70000 DM Fahrgestell ca. 40000 DM	